うんこドリル
東京大学との共同研究で学力向上・学習意欲向上が実証されました！

JN028402

❶ 学習効果 UP!!

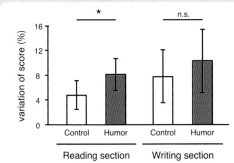

※「うんこドリル」とうんこではないドリルの、正答率の上昇を示したもの。
Control＝うんこではないドリル ／ Humor＝うんこドリル
Reading section＝読み問題 ／ Writing section＝書き問題

オレンジの
グラフが
うんこドリルの
学習効果
なのじゃ！

うんこドリルで学習した場合の成績の上昇率は、うんこではないドリルで学習した場合と比較して約60％高いという結果になったのじゃ！

❷ 学習意欲 UP!!

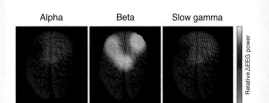

Alpha　　Beta　　Slow gamma

Relative ΔEEG power

※「うんこドリル」とうんこではないドリルの閲覧時の、脳領域の活動の違いをカラーマップで表したもの。左から「アルファ波」「ベータ波」「スローガンマ波」。明るい部分ほど、うんこドリル閲覧時における脳波の動きが大きかった。

明るくなって
いるところが、
うんこドリルが
優位に働いたところ
なのじゃ！

うんこドリルで学習した場合「記憶の定着」に効果的であることが確認されたのじゃ！

共同研究 東京大学薬学部 池谷裕二教授

1998年に東京大学にて薬学博士号を取得。2002〜2005年にコロンビア大学（米ニューヨーク）に留学をはさみ、2014年より現職。専門分野は神経生理学で、脳の健康について探究している。また、2018年よりERATO脳AI融合プロジェクトの代表を務め、AIチップの脳移植による新たな知能の開拓を目指している。
文部科学大臣表彰 若手科学者賞（2008年）、日本学術振興会賞（2013年）、日本学士院学術奨励賞（2013年）などを受賞。
著書：『海馬』『記憶力を強くする』『進化しすぎた脳』
論文：Science 304:559、2004、同誌 311:599、2011、同誌 335:353、2012

先生のコメントはウラへ ➡

教育において、ユーモアは児童・生徒を学習内容に注目させるために広く用いられます。先行研究によれば、ユーモアを含む教材では、ユーモアのない教材を用いたときよりも学習成績が高くなる傾向があることが示されていました。これらの結果は、ユーモアによって児童・生徒の注意力がより強く喚起されることで生じたものと考えられますが、ユーモアと注意力の関係を示す直接的な証拠は示されてきませんでした。そこで本研究では9〜10歳の子どもを対象に、電気生理学的アプローチを用いて、ユーモアが注意力に及ぼす影響を評価することとしました。

本研究では、ユーモアが脳波と記憶に及ぼす影響を統合的に検討しました。心理学の分野では、ユーモアが学習促進に役立つことが提唱されていますが、ユーモアが学習における集中力にどのような影響を与え、学習を促すのかについてはほとんど知られていません。しかし、記憶のエンコーディングにおいて遅いγ帯域の脳波が増加することが報告されていることと、今回我々が示した結果から、ユーモアは遅いγ波を増強することで学習促進に有用であることが示唆されます。
さらに、ユーモア刺激によるβ波強度の増加も観察されました。β波の活動は視覚的注意と関連していることが知られていること、集中力の程度は体の動きで評価できることから、本研究の結果からは、ユーモアがβ波強度の増加を介して集中度を高めている可能性が考えられます。

これらの結果は、ユーモアが学習に良い影響を与えるという
instructional humor processing theory を支持するものです。

※ J. Neuronet., 1028:1-13, 2020 http://neuronet.jp/jneuronet/007.pdf

東京大学薬学部　池谷裕二教授

詳しい情報は
こちらをチェック！

もくじ

うんこ先生

① 校歌に 出て くる 「うんこ」の 数
〜たし算 1〜

けんすけくんの　小学校の
校歌には，「うんこ」と　いう
ことばが　たくさん　出て　きます。
　数えて　みると，1番で　26回，
2番で　41回，3番で　188回
出て　きました。

うんこ　もらしても　さわやかに〜

1 校歌の 1番と 2番で,「うんこ」と いう
ことばは あわせて 何回 出て きますか。

⬇ しきを 書いてから ひっ算で もとめましょう。

しき

ひっ算

答え _____ 回

2 校歌の 1番と 2番に 出て くる 「うんこ」の 数の
合計と, 校歌の 3番に 出て くる 「うんこ」の
数では, どちらが 多いですか。

⬇ どちらかを ○で かこみましょう。

1番と 2番に 出て くる
「うんこ」の 数の 合計は,
1 で もとめたのう。

(1番と 2番の 合計 ・ 3番)

つぎは, お話が もっと 楽しく なる「スーパーうんこもんだい」じゃ。
ヒントを よく 見て 答えて くれい!

**スーパー
うんこ
もんだい**

▲▲▲▲▲▲▲▲▲▲▲▲▲▲▲▲▲▲▲▲

けんすけくんの 小学校の 校歌の
かしを 作ったのは,
涙小路雪之丞さんだよ。
涙小路さんの 顔は どれかな?
あう シールを はろう!

シール

ヒント 顔の 形を よく 見よう!

算数
ポイント | たし算の ひっ算では, くらいを たてに そろえて
一のくらいから じゅんに 計算する。

つぎの ページに
校歌の かしが あるよ!
⬇

3

けんすけくんが 通う
ふんばりが丘小学校の 校歌

ふんばりが丘小学校校歌

作詞：涙小路雪之丞　作曲：鷹橋典秋

1番

まどに　きらめく　**うんこ**の　光

明るい　**うんこ**が　にわ　いっぱい

うんこ　もらしても　さわやかに

うんこ　**うんこ**と　くぐる　門

ぼくらは　**うんこ**　**うんこ**　**うんこうんこうんこ**

だれもが　**うんこ**　**うんこ**　**うんこうんこうんこ**

うんこ（**うんこうんこ**）

うんこ（**うんこうんこ**）

うんこ（**うんこうんこうんこ**）

ここ　わが　学校　ふんばりが丘

なかよく　つなぐ　手のように

あたたかい　**うんこ**を　そだてよう

「うんこ」が
26回 出て
くるか，数えて
みるのじゃ。

れんしゅうもんだい

がんばったね
シールを
はって
もらおう。

1 ヒット曲 「うんこに 会いたくて」は，
1番に 16回，2番に 31回 「うんこ」と
いう ことばが 出て きます。あわせて
何回 出て きますか。

ひっ算

ここで ひっ算を しよう!

しき

答え _____

2 うんこがまん大会を して
います。これまでに 63人が
うんこを もらしました。
まだ もらして いない 人は
12人 います。うんこがまん
大会には，ぜんぶで 何人
出て いますか。

しき

答え _____

3 お父さんの うんこの 音が
大きすぎて，けいさつかんが
32人 来ました。近じょの
人も 56人 来ました。
ぜんぶで 何人 来ましたか。

しき

答え _____

5

うんこを はこぶ こういちくん
～たし算 2～

こういちくんは，公園で めずらしい
形の うんこを 見つけました。そして，
お母さんに 見せる ために，わりばしで
つかんで はこぶ ことに しました。

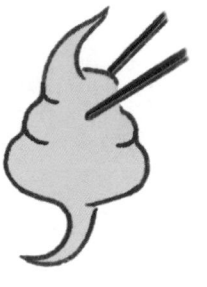

公園から 38歩 歩き，となりの 家の 前で 一度
休けいしました。そして，そこから また 26歩 歩いて，
こういちくんの 家に とうちゃく！

お母さんに うんこを 見せる ことが できました。

1 こういちくんは，公園から 家まで ぜんぶで 何歩 歩きましたか。

⬇ しきを 書いてから ひっ算で もとめましょう。

しき

答え ＿＿＿＿＿ 歩

くり上がりに 気を つけるのじゃ！

ひっ算

2 こういちくんは お母さんに 見せた 後，自分の へやに 16歩で うんこを もって いき，※コレクションに くわえました。公園から へやまで ぜんぶで 何歩 歩きましたか。

※コレクション…すきで あつめた もの。

⬇ **1**で もとめた 答えを つかって 考えましょう。

しき

答え ＿＿＿＿＿ 歩

ひっ算

スーパーうんこもんだい

正しい はしの もち方は どちらかな？

あ　　　　　　　い

算数ポイント｜ 一のくらいの たし算で 10を こえたら，十のくらいに 1 くり上げる。

7

かくにんもんだい

1 うんこを　つまようじで　つきさして，家から
公園まで　**35**歩，公園から　学校まで　**47**歩
歩きました。家から　学校まで　ぜんぶで
何歩　歩きましたか。

ひっ算

しき

答え＿＿＿＿＿＿

2 うんこを　ピンセットで　つまんで，学校から
図書かんまで　**52**歩，図書かんから
おばあちゃんの　家まで
39歩　歩きました。
学校から　おばあちゃんの
家まで　ぜんぶで　何歩
歩きましたか。

しき

答え＿＿＿＿＿＿

3 うんこを　ペットボトルの　キャップに　のせて，
おばあちゃんの　家から　プールまで　**27**歩，
プールから　えきまで　**28**歩　歩きました。
おばあちゃんの　家から　えきまで
ぜんぶで　何歩　歩きましたか。

しき

答え＿＿＿＿＿＿

1 ぼくの うんこの 上を ひつじが 19ひき ジャンプして いきました。さらに 32ひきの ひつじが ジャンプして いきました。ぜんぶで 何びきの ひつじが ぼくの うんこの 上を ジャンプして いきましたか。

ひっ算

しき

答え _____

2 うんこの 絵が かかれた はがきが 38まいと，何も かかれて いない はがきが 15まい あります。はがきは あわせて 何まい ありますか。

しき

答え _____

3 白鳥の うんこを おじいちゃんは 17こ，おばあちゃんは 25こ もって います。2人は 白鳥の うんこを あわせて 何こ もって いますか。

しき

答え _____

3

うんこ馬

日本に 800年も 前から つたわる あそび,
「うんこ馬」を しょうかいします。

「うんこ馬」では, うんこを 頭に できるだけ たくさん のせて,
スタートから ゴールまで 馬に のって 走ります。

ゴールした とき, 頭に のって いる
うんこが 多い 人が かちです。

馬が 走って いる 間に
うんこは どんどん おちて
しまうので, うまく バランスを
とらないと いけません。

さいしょに
たくさん うんこを
のせても,
おとしちゃったら
いみが ないぞい!

「うんこ馬」の いろいろな のり方

「うんこ馬」には，いくつかの のり方が あるんだ。
その 中でも とくに ゆう名な ものを 3つ しょうかいするよ!

その 1 仁王立ちうんこ

その 2 馬ノ上ノ馬ノ上ノうんこ

その 3 だっこっこうんこっこ

この 「うんこ馬」の
しょうかいは，
つぎの ページの
もんだいの
やくに 立つのじゃ!

11

3

たつきくんと お父さんは,「うんこ馬」を しました。
たつきくんは 5この うんこ, お父さんは 19この
うんこを 頭に のせて スタートしました。

「うんこ馬」の あそび方は, 10ページに 書いて あるのじゃ。

スタートした ときの 数に なるように,
2人の 頭に それぞれ うんこを かきましょう。

たつき

お父さん

2 たつきくんは，5この うんこを 頭に のせて スタートしましたが，とちゅうで 1に おとして しまいました。ゴールした とき，たつきくんの 頭に のって いた うんこは 何こですか。

⬇ しきを 書いて 答えを もとめましょう。

しき

答え ＿＿＿＿＿ こ

3 お父さんは，19この うんこを 頭に のせて スタートしましたが，とちゅうで 18こ おとして しまいました。ゴールした とき，お父さんの 頭に のって いた うんこは 何こですか。

⬇ しきを 書いてから ひっ算で もとめましょう。

ひっ算

しき

答え ＿＿＿＿＿ こ

4 「うんこ馬」で かったのは どちらですか。

⬇ どちらかを ◯で かこみましょう。

「うんこ馬」では どんな 人が かつのかのう？ わからなかったら 10ページに もどるのじゃ！

（ たつき ・ お父さん ）

算数ポイント｜ひき算の ひっ算では，くらいを たてに そろえて 一のくらいから じゅんに 計算する。

かくにんもんだい

1 お母さんが，頭に 16この
うんこを のせて，家の 中を
そうじして いました。とちゅうで
13こ おとして しまいました。
お母さんの 頭の 上に
のこった うんこは 何こですか。

ひっ算

しき

答え ＿＿＿＿＿＿

2 権田原先生が，頭に 47この うんこを
のせて マラソンを しました。とちゅうで
25こ おとして しまいました。ゴールした
とき，権田原先生の 頭に のって いた
うんこは 何こですか。

しき

答え ＿＿＿＿＿＿

3 おじいちゃんが，頭に 76この うんこを
のせて，にわで 木刀を ふって いました。
とちゅうで 62こ おとして しまいました。
おじいちゃんの 頭の 上に のこった
うんこは 何こですか。

しき

答え ＿＿＿＿＿＿

れんしゅうもんだい

がんばったね
シールを
はって
もらおう。

1 お父さんは　今　45才です。
お父さんは，　ちょうど　21年前に，
「歩くうんこ」を　見たそうです。
お父さんが　「歩くうんこ」を
見たのは　何才の　ときですか。

ひっ算

しき

答え _____

2 うんこが　69こ　あります。その　うち
25この　うんこには，中に　石が　入って
います。石が　入って　いない　うんこは
何こですか。

しき

答え _____

3 絵本が　93さつ　ありますが，
82さつは　うんこまみれで　読む
ことが　できません。
うんこまみれに　なって　いない
絵本は　何さつですか。

しき

答え _____

15

天才はかせの はつめいひん
～ひき算 2～

天才はかせが, うんこを
はっしゃする 大ほう,
「うんこバズーカ」を 作りました!

天才はかせ

うんこの 力を
けんきゅうして いる
なぞの はかせ。

はかせは, さっそく てつの いたを **72**まい ならべて,
うんこバズーカで うんこを 1ぱつ うちました。

ならべた てつの いたの うち, **45**まいに うんこの
形の あなが あきました。

16

1 72まいの てつの いたの うち，うんこを 1ぱつ うった ときに うんこの 形の あなが あかなかったのは 何まいですか。

⬇ しきを 書いてから ひっ算で もとめましょう。

しき

 くり下がりに ちゅういじゃ！

答え ＿＿＿＿＿ まい

ひっ算

2 つぎに 木の いたを 95まい ならべて うんこを 1ぱつ うつと，88まいに あなが あきました。あなが あかなかった 木の いたは 何まいですか。

⬇ しきを 書いてから ひっ算で もとめましょう。

しき

答え ＿＿＿＿＿ まい

ひっ算

うんこ バリア

 わしが はつめいした「うんこバリア」が あれば，うんこが とんで きても ぜったいに はねかえして くれるぞ。はねかえせるのは うんこだけじゃがな。

天才はかせの はつめいひんは，「うんこドリル 文しょうだい 小学1年生」に のって いるよ！

🪰 算数ポイント │ 一のくらいどうしで ひけない ときは，十のくらいから 1くり下げる。

4 かくにんもんだい

がんばったね シールを はって もらおう。

1 天才はかせが，どうの　いたを　45まい
ならべて　うんこバズーカを　うちました。
17まいに　あなが　あきました。あなが
あかなかった　どうの　いたは　何まいですか。

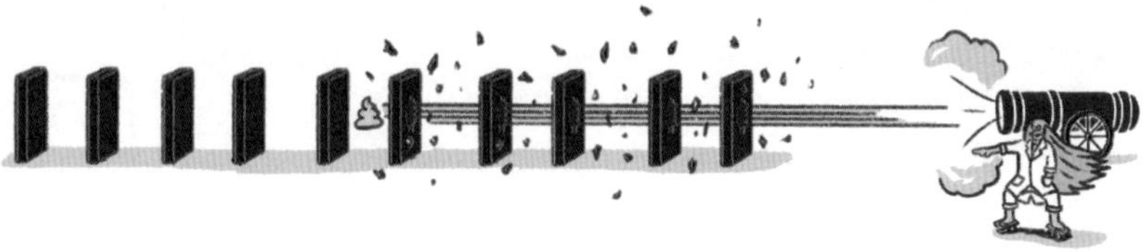

しき

答え ＿＿＿＿＿＿

2 天才はかせが，ドラムかんを　64こ
ならべて　うんこバズーカを　うちました。
49こが　ぐしゃぐしゃに　こわれました。
こわれなかった　ドラムかんは　何こですか。

しき

答え ＿＿＿＿＿＿

3 天才はかせが，車を　87台　ならべて
うんこバズーカを　うちました。78台が
ばくはつして　こわれました。こわれなかった
車は　何台ですか。

しき

答え ＿＿＿＿＿＿

ひっ算

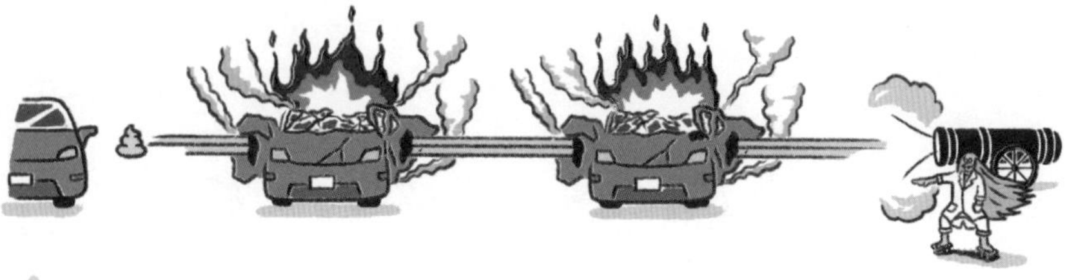

れんしゅうもんだい

1 弓の　名人が，遠くの　うんこに　むけて
矢を　とばして　います。55本の　矢を
とばして，29本　当たりました。外れた
矢は　何本ですか。

しき

答え＿＿＿＿＿＿

2 明日までに　うんこの　しゃしんを　44まい
あつめる　しゅくだいが　出ました。
お父さんが　たまたま　37まい　もって
いたので　もらいました。うんこの
しゃしんは，あと　何まい　ひつようですか。

しき

答え＿＿＿＿＿＿

3 うんこを　ひもで　しばって　ぐるぐる
回して　います。50回　回そうと　しましたが，
33回　回した　ところで　ひもが　ちぎれました。
50回まで　あと　何回でしたか。

ブンブン

しき

答え＿＿＿＿＿＿

19

校長先生の うんこを 見に 行く 会
～たし算 3～

「校長先生の うんこを 見に 行く 会」には，
84人の 会員が います。

校長先生

新学期に なり, 新しく 会員を ぼしゅうした ところ,
一気に 22人も ふえました。

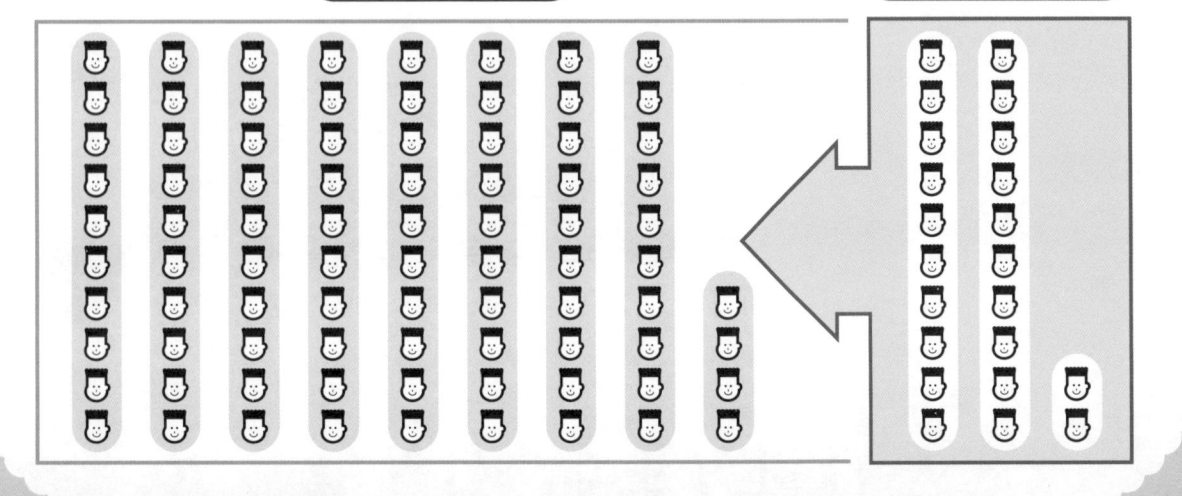

もともとの 会員　　　　　　　　　　　　　新しい 会員

1 「校長先生の うんこを 見に 行く 会」の 会員は, ぜんぶで 何人に なりましたか。

⬇ しきを 書いてから ひっ算で もとめましょう。

ひっ算

しき

答え ＿＿＿＿＿＿ 人

答えは 100 を こえそうじゃな。

2 今まで 見に 行った うち, 校長先生の うんこを 見る ことが できたのは 96回, 見られなかったのは 13回でした。ぜんぶで 何回 見に 行きましたか。

⬇ しきを 書いてから ひっ算で もとめましょう。

ひっ算

しき

答え ＿＿＿＿＿＿ 回

スーパーうんこもんだい

シール

そのほかにも いろいろな 会が あるよ。では,「校長先生を かこんで うんこを する 会」の ようすに あう 絵は どれかな？ ⬚に シールを はろう！

算数ポイント | 十のくらいの たし算で 10 を こえたら, 百のくらいに 1 くり上げる。

校長先生の,

こんな 会が あるよ!

校長先生に 全校じどうの
うんこを おくる 会

校長先生に うんこを 見た
かんそうを つたえる 会

校長先生を かこんで
うんこを する 会

校長先生の うんこを かこんで
クリスマスを いわう 会

校長先生の うんこで
たからさがしを する 会

学校から 校長先生の 家まで
うんこを ちりばめる 会

校長先生に お正月の あいさつを
した 帰りに うんこを する 会

うんこで 校長先生を つくる 会

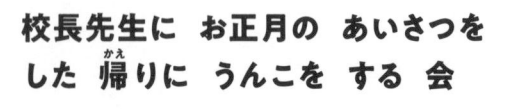

うんこに あなを あけて その
あなから 校長先生を のぞく 会

れんしゅうもんだい

1 33円の えんぴつと
75円の うんこを
買いました。あわせて
何円に なりましたか。

ひっ算

しき

答え ＿＿＿＿＿＿＿＿

2 うんこを 手に もって いる 人が,
川の 一方に 63人, もう 一方に 51人
います。うんこを 手に もって いる
人は, あわせて 何人ですか。

しき

答え ＿＿＿＿＿＿＿＿

3 お父さんの うんこに アリが
86ぴき たかって います。
さらに 52ひき ふえました。
うんこに たかって いる
アリは ぜんぶで
何びきに なりましたか。

しき

答え ＿＿＿＿＿＿＿＿

23

うんこ歌手の お父さん
〜たし算 4〜

うんこ歌手の お父さん（Buri-ya）が，
「うんこの 歌を 歌って，お金を かせぐぞ！」と 言って，
道ばたで 4日間 歌を 歌いました。

　下の ひょうは，お父さんが 歌った 日と その 日に
かせいだ お金です。

歌った 日	かせいだ お金
1日目	76円
2日目	58円
3日目	95円
4日目	8円

24

1 1日目と 2日目で かせいだ
お金は，あわせて 何円(なんえん)ですか。

⬇ しきを 書(か)いてから ひっ算(さん)で もとめましょう。

ひっ算

しき

答(こた)え ＿＿＿＿＿＿＿＿ 円

くり上がりの 1を
わすれないようにの。

2 3日目と 4日目で かせいだ
お金は，あわせて 何円ですか。

⬇ しきを 書いてから ひっ算で もとめましょう。

ひっ算

しき

答え ＿＿＿＿＿＿＿＿ 円

くらいを そろえて
計算(けいさん)するのじゃ。

スーパー
うんこ
もんだい

つぎの うち，お父(とう)さんが 作(つく)った 曲(きょく)は
どれだと 思(おも)うかな？

ヒント この 曲(きょく)を 作った とき，お父さんは
ものすごく うんこを がまんして いたらしい！

あ 「世界中(せかいじゅう)に
うんこが
あふれてる」

い 「世界中(せかいじゅう)の
うんこを
きみに あげる」

う 「世界中(せかいじゅう)の
だれよりも
うんこが したい」

算数(さんすう)
ポイント ｜ くり上がりに 気(き)を つけて，くらいごとに 計算する。

25

かくにんもんだい

1 お父さんが，新曲「今夜，うんこのように」を
道ばたで 歌いました。きのうは 46円,
今日は 75円 かせぎました。かせいだ
お金は，あわせて 何円ですか。

ひっ算

しき

答え ＿＿＿＿＿＿＿＿＿

2 お父さんが，新曲「もう うんこなんてしない」を
えき前で 歌いました。きのうは 65円,
今日は 77円 かせぎました。かせいだ
お金は，あわせて 何円ですか。

しき

答え ＿＿＿＿＿＿＿＿＿

3 お父さんが，新曲「ウンコノカケラ」を
公園で 歌いました。きのうは 97円,
今日は 5円 かせぎました。かせいだ
お金は，あわせて 何円ですか。

しき

答え ＿＿＿＿＿＿＿＿＿

れんしゅうもんだい

がんばったね
シールを
はって
もらおう。

1 うんこの まわりに 人が 46人 あつまって います。さらに 77人 ふえました。あつまった 人は，みんなで 何人に なりましたか。

ひっ算

しき

答え ＿＿＿＿＿＿＿＿

2 けんすけくんは 58まい，こういちくんは 83まい うんこカードを もって います。2人が もって いる うんこカードは，あわせて 何まいですか。

しき

答え ＿＿＿＿＿＿＿＿

3 スケッチブックに，どうぶつの 絵だけを 27ページ，うんこの 絵だけを 74ページ かきました。スケッチブックに 絵を かいたのは，あわせて 何ページですか。

しき

答え ＿＿＿＿＿＿＿＿

4 トラックが 校ていに 99この うんこを おろして いきました。つぎに 来た トラックは，6こ おろして いきました。トラックが おろした うんこは，ぜんぶで 何こですか。

しき

答え ＿＿＿＿＿＿＿＿

7

アクションえい画「ドラゴンうんこ」
～ひき算 3～

こういちくんは, お父さんと 「ドラゴンうんこ」と いう アクションえい画を みに 行きました。
「ドラゴンうんこ」は 127分の えい画です。

1 こういちくんは, えい画が はじまってから 53分 たった ところで, ねて しまいました。
こういちくんが ねて しまった 後, えい画は のこり 何分 ありましたか。

⬇ しきを 書いてから ひっ算で もとめましょう。

ひっ算

しき

答え _____ 分

28

2　じつは，お父さんは，えい画が　はじまってから　38分
たった　ところで　うんこを　もらして　いたそうです。
お父さんが　うんこを　もらした　後，えい画は
のこり　何分　ありましたか。

えい画は　127分
だったんじゃな。

⬇ しきを　書いてから　ひっ算で
もとめましょう。

しき

ひっ算

答え　＿＿＿＿＿＿　分

スーパー
うんこ
もんだい

おうちの　人に　きいて　みよう！
「さい後に　うんこを　もらしたのは，いつ？」

学校の　先生に　きいても　いいぞい。

だれに　きいたかな？

さい後に　うんこを
もらしたのは，いつ？

だいたい　　　　　　年
　　　　　　　　　か月
　　　　　　　　　日　前

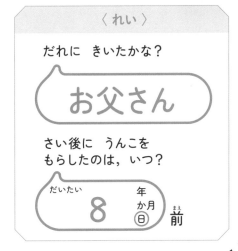

〈れい〉

だれに　きいたかな？

お父さん

さい後に　うんこを
もらしたのは，いつ？

だいたい　**8**　年
　　　　　　　か月
　　　　　　　日　前

算数
ポイント　｜　十のくらいどうしで　ひけない　ときは，百のくらいから　1　くり下げる。

29

かくにんもんだい

1 125分の えい画
「あの空の打ち上げうんこ」を みました。
34分 たった ところで
うんこを もらしました。
えい画は のこり 何分
ありますか。

しき

ひっ算

答え＿＿＿＿＿＿＿＿

2 136分の えい画 「うんこ英雄伝 鬼の章」を
みました。41分 たった ところで うんこを
もらしました。えい画は のこり 何分
ありますか。

しき

答え＿＿＿＿＿＿＿＿

3 155分の えい画 「キラキラうんこスターズ
うんこジュエルをまもって！」を みました。
86分 たった ところで うんこを
もらしました。えい画は のこり 何分
ありますか。

しき

答え＿＿＿＿＿＿＿＿

れんしゅうもんだい

ひっ算

1 とんでもなく 大きい うんこを 135人で ささえて います。しかし，その うちの 72人が いなく なって しまいました。 のこった 人は 何人ですか。

しき

答え _____

2 メロンが 80こ，うんこが 134こ あります。どちらが どれだけ 多いですか。

しき

答え _____ が ____ こ 多い。

3 123台の パトカーが うんこを おいかけて います。その うちの 55台が とちゅうで どこかへ 行きました。まだ おいかけて いる パトカーは 何台ですか。

しき

答え _____

4 こういちくんは，弟と いっしょに ゾウの うんこを 170こ あつめました。その うち 81には こういちくんが あつめて，のこりは 弟が あつめました。弟が あつめた ゾウの うんこは 何こですか。

しき

答え _____

31

権田原先生の ちょうせん
～ひき算 4～

どんな ちょうせん?

権田原先生が, ゴリラの うんこが 500こ 入った
たるを せ中に のせて, みんなの 前で うで立てふせに
ちょうせんします。

先生の 目ひょうの 回数は?

日本記ろくは 106回。
だから, その 回数を こえたいな!

さあ, いよいよ うで立てふせ 106回を 目ざして
ちょうせんの スタートです!

1

権田原先生の　うで立てふせの　回数は，98回でした。日本記ろくの　106回まで，あと　何回でしたか。

⬇ しきを　書いてから　ひっ算で　もとめましょう。

しき

ひっ算

答え＿＿＿＿＿＿回

くり下がりに
気を　つけるのじゃ！

2

たるの　中が　ぜんぶ　ゴリラの　うんこだと　思って　いたら，その　うちの　300こが　校長先生の　うんこでした。500この　うち，ゴリラの　うんこは　何こでしたか。

⬇ しきを　書いて　答えを　もとめましょう。

しき

大きな　数の　計算も
できるかのう？

答え＿＿＿＿＿＿こ

つぎの　ちょうせんは
せいこうさせるぞ！

算数ポイント　｜　十のくらいから　くり下げられない　ときは，百のくらいから　くり下げる。

かくにんもんだい

1 権田原先生が, ゴリラの うんこを
かついで 校ていを 98しゅう 走りました。
目ひょうは 103しゅうでした。目ひょうまで,
あと 何しゅうでしたか。

ひっ算

しき

答え ＿＿＿＿＿＿＿

2 権田原先生が, ゴリラの うんこを 頭に
のせて 92回 なわとびを しました。
目ひょうの 回数は 101回でした。
目ひょうの 回数まで, あと 何回でしたか。

しき

答え ＿＿＿＿＿＿＿

3 権田原先生が, ゴリラの うんこを
あごに はさんだ まま 6回 さか上がりを
しました。目ひょうの 回数は 104回でした。
目ひょうの 回数まで, あと 何回でしたか。

しき

答え ＿＿＿＿＿＿＿

4 権田原先生が, ゴリラの うんこを
600こ あつめました。目ひょうの
数は 200こでした。目ひょうの 数より
何こ 多く あつめられましたか。

しき

答え ＿＿＿＿＿＿＿

れんしゅうもんだい

① 川の　むこうがわに　むかって　うんこを
102こ　なげました。その　うち，96こは
とどかずに　川に　おちて　しまいました。
むこうがわに　とどいた　うんこは
何こですか。

ひっ算

しき

答え _____

② うんこを　右足で　105回，左足で　8回
ふみました。右足で　ふんだ　回数は，
左足で　ふんだ　回数より　何回　多いですか。

しき

答え _____

③ うんこプールの　中に　400人　入って
います。その　うち，300人は　顔も
うんこに　つけて　います。顔を　うんこに
つけて　いない　人は　何人ですか。

しき

答え _____

天才画家と うんこの 絵
～たし算 5～

天才画家の　ピクソが,「せかいで　いちばん　大きな
うんこの　絵を　かくぞ!」と　はりきって　います。

うんこと　いえば
水色だ!

ピクソ

ピクソは,　家の　中に　ある
水色の　クレヨンを　弟子に
あつめさせました。
クレヨンは　35本　ありました。

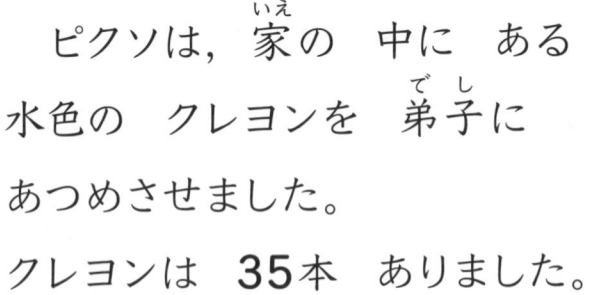

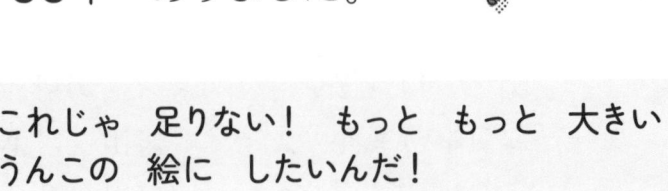

これじゃ 足りない! もっと もっと 大きい
うんこの 絵に したいんだ!

ピクソの　弟子は,　がんばって　町中を　走り回り,
水色の　クレヨンを　さらに　252本　あつめて　きました。

1 ピクソの 弟子が あつめた
水色の クレヨンは, ぜんぶで
何本に なりましたか。

⬇ しきを 書いてから
ひっ算で もとめましょう。

ピクソの 弟子

しき

ひっ算

答え ＿＿＿＿＿＿＿ 本

これまでの ひっ算の やり方を
もとに 考えて みるのじゃ。

2 ピクソは, 弟子が あつめた **1**の 水色の
クレヨン ぜんぶと, 青色の クレヨンを 6本
つかいました。水色と 青色の クレヨンを
あわせて 何本 つかいましたか。

⬇ **1**で もとめた 答えを つかって 考えましょう。

しき

ひっ算

答え ＿＿＿＿＿＿＿ 本

ピクソの
お話は, つぎの
ページも
つづくぞい！

算数
ポイント ┃ 3けたの たし算に なっても, くらいを たてに
そろえて 一のくらいから じゅんに 計算する。

スーパー
うんこ
もんだい

これでも 足りない！ もっと もっと
もーーーっと 大きい うんこの
絵に したいんだ！

ピクソは，この 後 水色の クレヨンを 1万本 つかって
下の うんこの 絵を かんせいさせたよ。

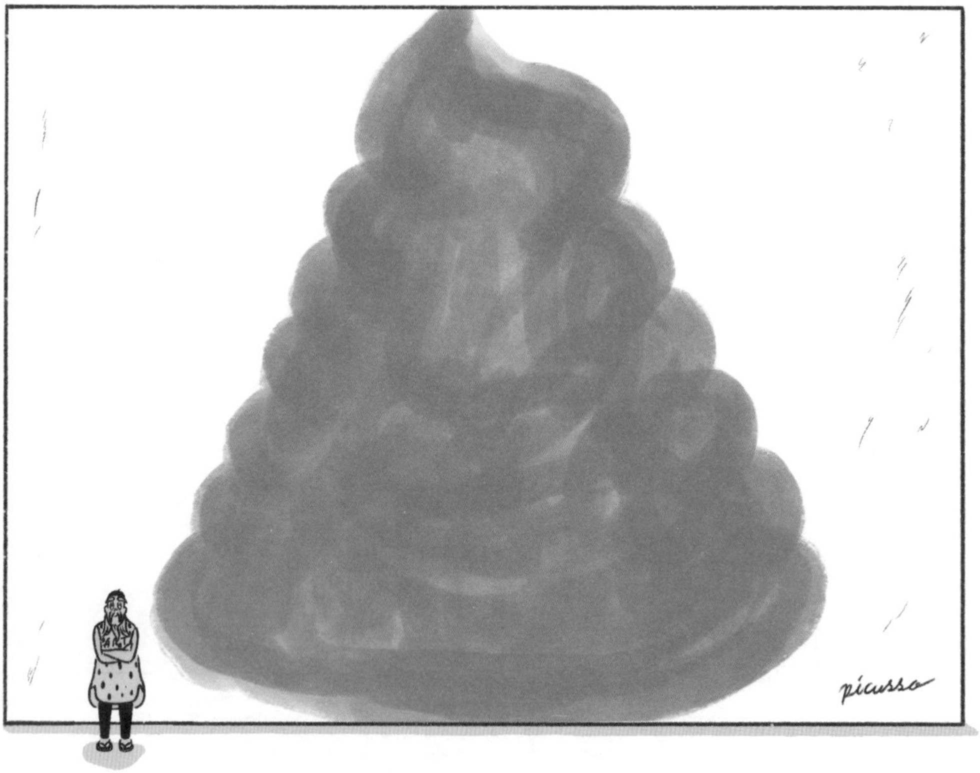

この 絵は いくらで 売れたかな？

ヒント クレヨン 2本分の ねだんくらいでしか 売れなかったみたいだよ。

 300万円   い 10おく円   う 200円

れんしゅうもんだい

1 校ていに めずらしい うんこを おいて
いたら，456人が 見学に 来ました。
さらに，33人 ふえました。見学に 来た
人は，みんなで 何人ですか。

ひっ算

しき

答え ＿＿＿＿＿＿＿＿＿

2 535円を もって うんこボールを 買いに
行った ところ，お金が 45円 足りなくて
買えませんでした。うんこボールの
ねだんは 何円ですか。

しき

答え ＿＿＿＿＿＿＿＿＿

3 谷そこに うんこを 852こ おとして
しまいました。さらに，7こ おとして
しまいました。ぜんぶで 何こ
おとしましたか。

しき

答え ＿＿＿＿＿＿＿＿＿

4 おじいちゃんは 絵を あつめるのが
すきです。うんこの 絵を 663まい，
ふじ山の 絵を 8まい もって います。
おじいちゃんは，あわせて 何まいの 絵を
もって いますか。

しき

答え ＿＿＿＿＿＿＿＿＿

　「うんこ拳」の たつ人 宮本ぶり次郎が,

「うんこぐるぐる」の しゅぎょうを しました。

　これは, 心を 集中させて,

うんこの まわりを ゆっくり

ぐるぐる 回ると いう

しゅぎょうです。

　ぶり次郎は,「うんこぐるぐる」の しゅぎょうを

はじめてから 348時間後に 歩けなく なり,

しゅぎょうを やめました。

1 ぶり次郎は, 348時間の うち, 35時間を 右回りで, のこりを 左回りで 回りました。左回りで 回った 時間は 何時間ですか。

⬇ しきを 書いてから ひっ算で もとめましょう。　**ひっ算**

しき

答え _____ 時間

2 ぶり次郎は, 348時間の うち, さい後の 9時間は 目が 回って うんこが 見えなかったそうです。 見えて いたのは 何時間ですか。

⬇ しきを 書いてから ひっ算で もとめましょう。　**ひっ算**

しき

答え _____ 時間

スーパーうんこもんだい

▲▲▲▲▲▲▲▲▲▲▲▲▲▲▲▲▲▲▲▲▲▲▲

「うんこぐるぐる」の しゅぎょうを すると 何が できるように なると 思うかな?

ヒント ふつうでは ぜったいに できないよね!

あ どうぶつの うんこか 人間の うんこかが 見分けられる。

い うんこを 3日間でも がまんできるように なる。

う うんこの 声が 聞こえるように なる。

算数ポイント 3けたの ひき算に なっても, くらいを そろえて 一のくらいから じゅんに 計算する。

41

かくにんもんだい

1 うんこの まわりを 355時間
回りつづけました。その うち，43時間は
歌を 歌いながら 回り，のこりは だまって
回りました。だまって 回って いた 時間は
何時間ですか。

ひっ算

しき

答え ＿＿＿＿＿＿＿＿＿

2 うんこの まわりを 471時間
回りつづけました。はじめの 18時間は
ふくを きて いましたが，のこりは はだかで
回りました。うんこの まわりを はだかで
回って いた 時間は 何時間ですか。

しき

答え ＿＿＿＿＿＿＿＿＿

3 うんこの まわりを
716時間 回りつづけました。
その うち 8時間は
ねながら 回りました。
おきて 回って いたのは
何時間ですか。

しき

答え ＿＿＿＿＿＿＿＿＿

れんしゅうもんだい

1 えんぴつが 538本 あります。うんこに
12本 さしました。うんこに さして いない
えんぴつは 何本ですか。

ひっ算

しき

答え ＿＿＿＿＿＿＿＿

2 電車に 641人 のって います。その 中の
36人が うんこを がまんして います。
うんこを がまんして いない 人は 何人ですか。

しき

答え ＿＿＿＿＿＿＿＿

3 うんこを 727こ もらいました。その うち
6こだけ コレクションに くわえて，のこりは
すてます。すてる うんこは 何こですか。

しき

答え ＿＿＿＿＿＿＿＿

4 かっこいい ぼうしが 980円で 売られて
います。店の 人が
「うんこが ついて いるから
8円 やすく するよ」と
言ったので，買いました。
かっこいい ぼうしを 何円で
買いましたか。

しき

答え ＿＿＿＿＿＿＿＿

宮本ぶり次郎
（みやもと ぶり じろう）
でんせつ

□に かん字を 書きましょう。

うんこ拳の たつ人
——宮本 ぶり次郎——

ぶり次郎は、おさない ころ、① □（からだ） の ② □（よわ）い 子どもでした。

ぶり次郎の 父は きびしい 人だったので、ぶり次郎を たくさん ③ □（はし）らせたり、およがせたりして、きたえようと しました。しかし、なかなか ④ □（おも）うようには いきませんでした。

そんな とき、一人の たび人が 村を ⑤ □（とお）りかかりました。

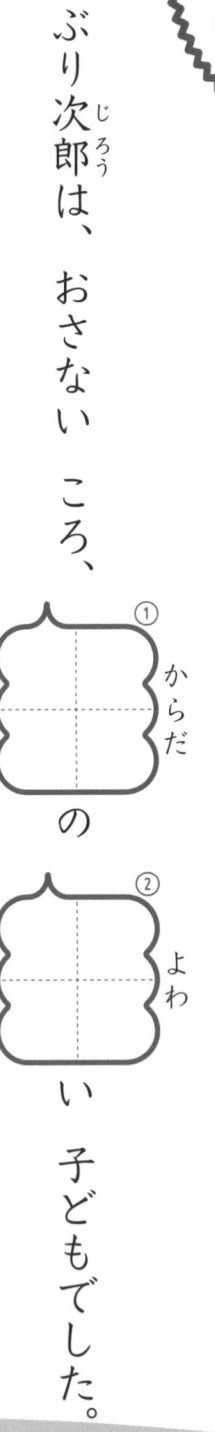

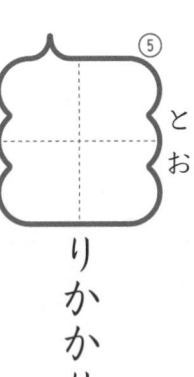

ぶり次郎[じろう]の　父は、親[しん]切[せつ]に たび人を 家[いえ]に とめて あげました。

その 夜[よる]、たび人は ぶり次郎の うんこを 見て おどろきました。

「こんなに すごい うんこは 見た ことが ない。きみは うんこ拳[けん]の しゅぎょうを するべきだ。」

じつは、この たび人は うんこ拳[けん]の たつ人[じん]で、ぶり次郎[じろう]の うんこを ひと目 見ただけで、ぶり次郎の うんこの 才[さい]のうを 見ぬいたのでした。

こうして ぶり次郎[じろう]は、うんこ拳[けん]の しゅぎょうの ため、うんこ拳道場[けんどうじょう]に 入[にゅう]門[もん] したのでした。

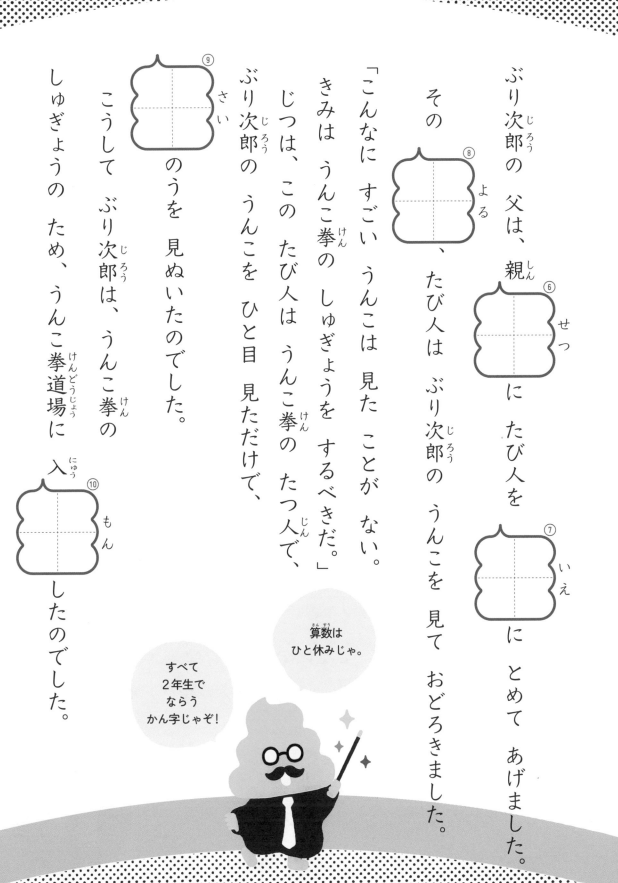

算数[さんすう]は ひと休みじゃ。

すべて 2年生で ならう かん字じゃぞ！

11 ダイナミックうんこダンス
～長さの 計算 1～

「ダイナミックうんこダンス」は,「ダイナミックうんこ棒」という 棒を もって おどる, スペインで 生まれた ダンスです。

右の 絵が 「ダイナミックうんこ棒」です。

長さ 30cmの 棒と,

長さ 12cmの うんこを, ボンドで

くっつけて 作ります。

12cm

30cm

1 「ダイナミックうんこ棒」の
全体の 長さは 何cmですか。

⬇ しきを 書いて 答えを もとめましょう。

しき ⦃　⦄cm＋⦃　⦄cm＝⦃　⦄cm

答えには, **長さの**
たんいも 書くのじゃ！

答え _____

46

2 子どもが つかう
「ダイナミックうんこ棒_{ぼう}ミニ」は，
1の 「ダイナミックうんこ棒_{ぼう}」より
11cm みじかいです。
「ダイナミックうんこ棒_{ぼう}ミニ」の
長さは 何cmですか。

↓ **1**で もとめた 答えを つかって 考_{かんが}えましょう。

しき

答え _____

スーパー
うんこ
もんだい

▲▲▲▲▲▲▲▲▲▲▲▲▲▲▲▲▲▲▲▲▲

つぎの 絵は，「ダイナミックうんこダンス」で
いちばん むずかしい わざだよ。
何と いう 名前_{なまえ}だと 思_{おも}うかな？

ヒント 長すぎて したを かんじゃいそうだよ。

あ クアトロ・うんこ
   └→スペイン語_ごで「4」

い うんこ・ビエント
   └→スペイン語で「風_{かぜ}」

う うんこ・カデナ
   └→スペイン語で「くさり」

え ルス・デ・ラス・エストレリャス・うんこ
   └→スペイン語で「星明_{ほしあ}かり」

算数
ポイント | 長さの たし算_{ざん}や ひき算では，同じ たんいの 数_{かず}で 計算_{けいさん}する。

47

11

ダイナミックうんこダンスの わざ

47ページで 出て きた わざを しょうかいするぞい！

1 クアトロ・うんこ

4本の ダイナミックうんこ棒を
もって おどります。

2 うんこ・ビエント

ダイナミックうんこ棒を
うちわのように つかって
風を おこしながら
おどります。

3 うんこ・カデナ

おどりながら うんこを します。
うんこを 「くさり」のように
つなげて するのが ポイントです。

れんしゅうもんだい

がんばったね
シールを
はって
もらおう。

1 長さ 15cmの きゅうりと, 長さ 14cmの うんこが
あります。この 2つを つなげると, 何cmに なりますか。

しき

◯cm + ◯cm =

答え _____

2 うんこを 高さ 59cm5mmの ところから おとしました。
2回目は, 1回目より 8cm ひくい ところから
おとしました。2回目は 高さ 何cm何mmの ところから
おとしましたか。

しき

答え _____

3 長さ 8cm9mmの えだを, うんこに
7mm つきさしました。えだの,
うんこに つきささって いない
ところは 何cm何mmですか。

しき

答え _____

4 長さ 12cm2mmの リボンを うんこに まきつけようと
しましたが, 4cm5mm 足りません。うんこに まきつける
ために ひつような リボンの 長さは, 何cm何mmですか。

しき

答え _____

12 校ていの 大きな うんこ
～長さの 計算 2～

　ある日，校ていに とても 大きい うんこが
ありました。しかし，うんこの 高さが わかりません。
　すると，先生が とつぜん うんこに とびこみました。
うんこから 少し とび出して いる 先生の 頭の
長さを はかると，5cm ありました。

1 先生の しつもんに 答えましょう。

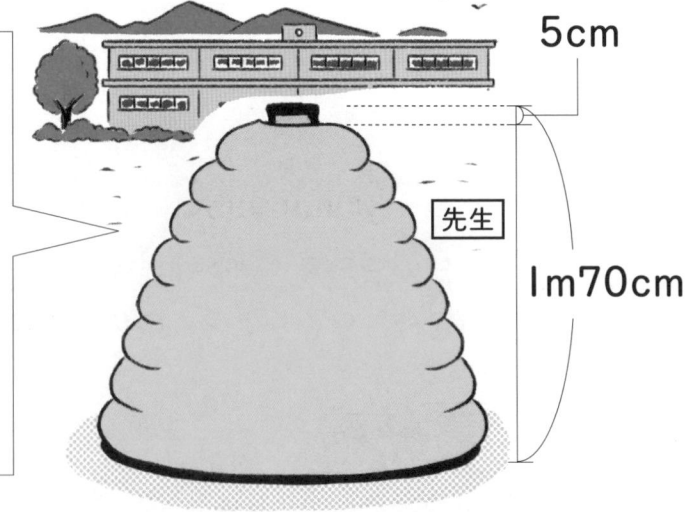

しつもんだよ!!
今，先生の 足は
地面に ついて いるよ。
先生の せの 高さは
1m70cmだよ。
うんこの 高さは
何m何cmかな？

5cm

先生

1m70cm

⬇ しきを 書いて 答えを もとめましょう。

しき

答え _____

2 先月　見つかった　公園の　うんこの　高さは，
1m68cmです。

（1）校ていの　うんこと　公園の　うんこでは，
どちらが　高いですか。

⬇ **1**で　もとめた　答えを　つかって　考えましょう。

（　校ていの　うんこ　・　公園の　うんこ　）

（2）校ていの　うんこの　高さは，公園の　うんこの
高さと　何cm　ちがいますか。

⬇ しきを　書いて　答えを　もとめましょう。

しき

どの　長さから　どの　長さを
ひけば　いいかのう？

答え＿＿＿＿＿＿＿

スーパー
うんこ
もんだい

▲▲▲▲▲▲▲▲▲▲▲▲▲▲▲▲▲▲▲▲▲▲▲▲▲

つぎの　うち，うんこから　出た　先生の　顔で
正しいのは　どれかな？

ヒント　どこが　うんこまみれに　なるかな？

あ　　い

う

算数ポイント｜mや cm などの　同じ　たんいの　数どうしで　計算する。

51

12

かくにんもんだい

1 高さ 1m55cmの うんこが あります。けんすけくんの
しん長は 1m30cmです。2つの 高さの ちがいは 何cm
ですか。

しき

答え _____

2 高さ 32cmの うんこを，高さが 1m45cmの たなの
上に おきます。高さは ぜんぶで 何m何cmに なりますか。

しき

答え _____

3 高さ 3m5cmの うんこの よこに，
体長 2mの ホッキョクグマが 立って
います。どちらが 何m何cm 高いですか。

しき

答え _____ が _____ 高い。

4 高さ 8m98cmの うんこの 上で，しん長
2mの プロレスラーが 「気を つけ」の
しせいで 立って います。高さは あわせて
何m何cmですか。

しき

答え _____

れんしゅうもんだい

1 校ていに 大きな うんこが あります。30cmの 台に ぼくが のった ところ, 頭の 先が うんこの 高さと ぴったり 同じに なりました。ぼくの しん長は 1m30cmです。うんこの 高さは 何m何cmですか。

しき

答え _____

2 長さ 4m75cmの うんこを 見つけました。42cmだけ 切って もち帰りました。のこった うんこの 長さは 何m何cmですか。

しき

答え _____

3 しん長 2m1cmの バスケットボールせん手が, 頭の 上に 高さ 22cmの うんこを のせました。高さは ぜんぶで 何m何cmですか。

しき

答え _____

4 うんこと 岩を なげました。うんこは 3m25cm, 岩は 3m10cm とびました。うんこは, 岩より 何cm 遠く とびましたか。

しき

答え _____

13 うんこエスパー翔の「うんこチェンジ」
〜かさの 計算〜

※チェンジ…「かえる」と いう いみ。

翔は 小学2年生の とき,「うんこチェンジ」の 力を 手に 入れました。

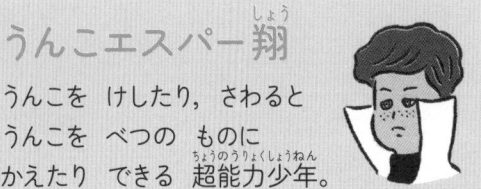

うんこエスパー翔

うんこを けしたり, さわると うんこを べつの ものに かえたり できる 超能力少年。

うんこに ゆびを つきさすと, 水に かえる ことが できると いう, ふしぎな 力です。

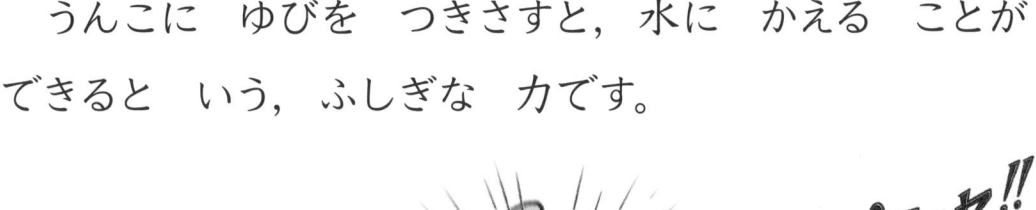

翔の 目の 前に, バケツに 入った 2つの うんこ, ⑦と ⑦が あります。翔が ゆびを つきさすと, ⑦は 1Lの 水に, ⑦は 1L3dLの 水に なりました。

1 水に なった ⑦と ⑦の かさは,
それぞれ どれくらいですか。 　 1 L＝10dL じゃ。
下の 1Lますに 色を ぬりましょう。

⑦ 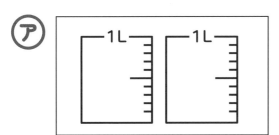　　　⑦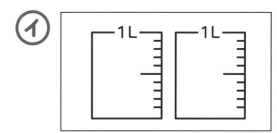

2 ⑦と ⑦の 水の かさは, あわせて
何L何dLですか。

⬇ しきを 書いて 答えを もとめましょう。

しき

同じ たんいどうしを
計算するのじゃ。　　　　答え ＿＿＿＿＿＿＿＿＿＿

スーパー
うんこ
もんだい

▲▲▲▲▲▲▲▲▲▲▲▲▲▲▲▲▲▲▲▲

翔は, この 水を 何に つかったかな?
ヒント 翔は, お父さんの ことが 大すきなんだ!

あ スパゲッティを ゆでる ための 水に した。

い お父さんが 顔を あらう ための 水に した。

う ざりがにを かう ための 水に した。

▼▼▼▼▼▼▼▼▼▼▼▼▼▼▼▼▼▼▼▼

算数
ポイント | かさの たし算や ひき算では, LやdLなどの 同じ たんいの 数で 計算する。

55

13

かくにんもんだい

1 翔が 「うんこチェンジ」の 力で 5Lの
水を 作り，2Lの 麦茶と まぜました。
かさは，ぜんぶで 何Lですか。

しき

答え＿＿＿＿＿＿＿＿

2 バケツの 中に，おゆが 3L5dL ありました。
あつすぎるので，翔が 「うんこチェンジ」の 力で 作った
1L3dLの 水を まぜて，ぬるく しました。バケツの
中の かさは，ぜんぶで 何L何dLですか。

しき

答え＿＿＿＿＿＿＿＿＿＿＿＿

3 翔が 「うんこチェンジ」の 力で
5L9dLの 水を 作りました。しかし，
その うち 4dLを こぼして
しまいました。のこりの かさは
何L何dLですか。

しき

答え＿＿＿＿＿＿＿＿＿

4 翔が 「うんこチェンジ」の 力で 9L4dLの 水を
作りました。うどんを ゆでるのに 3L4dL つかいました。
のこりの かさは 何Lですか。

しき

答え＿＿＿＿＿＿＿＿

れんしゅうもんだい

1 おじいちゃんが，うんこを しながら お茶 1L5dLと，
コーヒー 1L2dLを のみました。あわせて 何L何dL
のみましたか。

しき

答え _____

2 水そうに 水が 6L3dL 入って います。その うち 3Lを
うんこに かけました。水そうに のこって いる 水の
かさは 何L何dLですか。

しき

答え _____

3 とても あつい おゆの 中に うんこが 入って います。
その ときの かさは 5Lでした。うんこを とり出す ため，
水を 2L3dL 足して ぬるく しました。かさは ぜんぶで
何L何dLに なりましたか。

しき

答え _____

4 うんこを たくさん のせた トラックに，
ガソリンが 25L8dL 入って います。
ガソリンを 5L4dL つかって 走ると，
のこった ガソリンは 何L何dLですか。

しき

答え _____

マグマのように あつい うんこ
～時こくと 時間 1～

マグマのように　あつい　うんこが　ありました。
あつすぎて　だれも　近よる　ことが　できません。

そこで，雪女を　よんで，つめたい　ふぶきで　うんこを
こおらせて　もらう　ことに　しました。

雪女は，あつい　うんこを　午前10時から
こおらせはじめました。そして，午前10時15分に
こおらせおわりました。

1

雪女が 午前10時に こおらせはじめてから こおらせおわるまでに かかった 時間は 何分ですか。

⬇ 右の 時計を 見て 考えましょう。

午前10時

?

午前10時15分

答え ＿＿＿＿＿＿＿＿

午前10時や 午前10時15分は **時こく**で, その 間の 長さが **時間**だぞい。

2

マグマのように あつい うんこが さらに 2こ 見つかりました。雪女が すべてを こおらせるには, 30分 かかります。午前10時20分から はじめると, おわる 時こくは 何時何分ですか。

⬇ 右の 時計を 見て 考えましょう。

?

午前 10時20分

30分

答え 午前 ＿＿＿＿＿＿＿＿＿＿＿＿＿＿＿＿＿＿

スーパーうんこもんだい

▲▲▲▲▲▲▲▲▲▲▲▲▲▲▲▲▲▲▲▲▲▲▲▲▲▲▲▲

雪女が おこって いるみたいだよ。どうしてかな?

ヒント お金って, 大事だよね……。

あ あつい うんこが あまりにも きけんだったから。

い うんこを こおらせるなんて, はずかしかったから。

う ギャラが やすかったから。
※ギャラ…はたらく おれいで もらう お金などの こと。

算数ポイント | 何時何分のような いっしゅんの ときを「時こく」, 時こくと 時こくの 間の 長さを「時間」と いう。

14

かくにんもんだい

1 あつい うんこが また
見つかったので, 雪女を よびました。
午前8時に 電話を かけて,
午前8時25分に 雪女が 来ました。
電話を かけてから 雪女が 来るまでに
かかった 時間は 何分ですか。

午前8時 　　午前8時25分

答え ＿＿＿＿＿＿＿＿＿

2 今日, 雪女は 1日中, あつい
うんこを こおらせて いました。
その うち, 午後3時40分から
午後4時までは 休けいしました。
雪女が 休けいした 時間は
何分ですか。

午後3時40分　　午後4時

答え ＿＿＿＿＿＿＿＿＿

3 雪女が うんこを こおらせる ところが,
テレビで ほうそうされました。
ほうそうは, 午前10時15分に はじまって,
30分後に おわりました。ほうそうが
おわったのは, 午前何時何分ですか。

午前
10時15分

30分

答え 午前 ＿＿＿＿＿＿＿

4 雪女は 「また あつい うんこを
こおらせたいな」と 思い, うんこを
さがしました。10分 かけて さがし,
午後7時20分に 見つけました。
雪女は, 午後何時何分から うんこを
さがしはじめましたか。

10分

午後
7時20分

答え ＿＿＿＿＿＿＿＿＿

れんしゅうもんだい

1 お父さんは，午前9時10分から
午前9時55分まで うんこを して
いました。うんこを して いた
時間は 何分ですか。

午前9時10分　　午前9時55分

答え _____

2 テレビで うんこの 番組を やって
いたので 家ぞくで 見ました。
午前8時から 見はじめて，40分後に
おわりました。見おわった 時こくは
午前何時何分ですか。

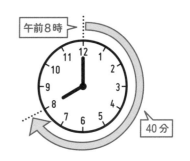

午前8時

40分

答え _____

3 ぼくの 家から 先生の 家まで，
歩いて うんこを とどけるのに
30分 かかります。午後1時15分に
出ぱつすると，先生の 家には
午後何時何分に つきますか。

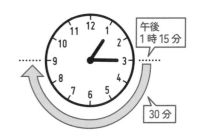

午後
1時15分

30分

答え _____

4 うんこを 35分 がまんして
いましたが，午後4時50分に
もらしました。午後何時何分から
うんこを がまんして いましたか。

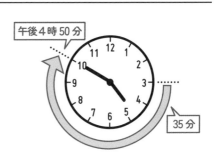

午後4時50分

35分

答え _____

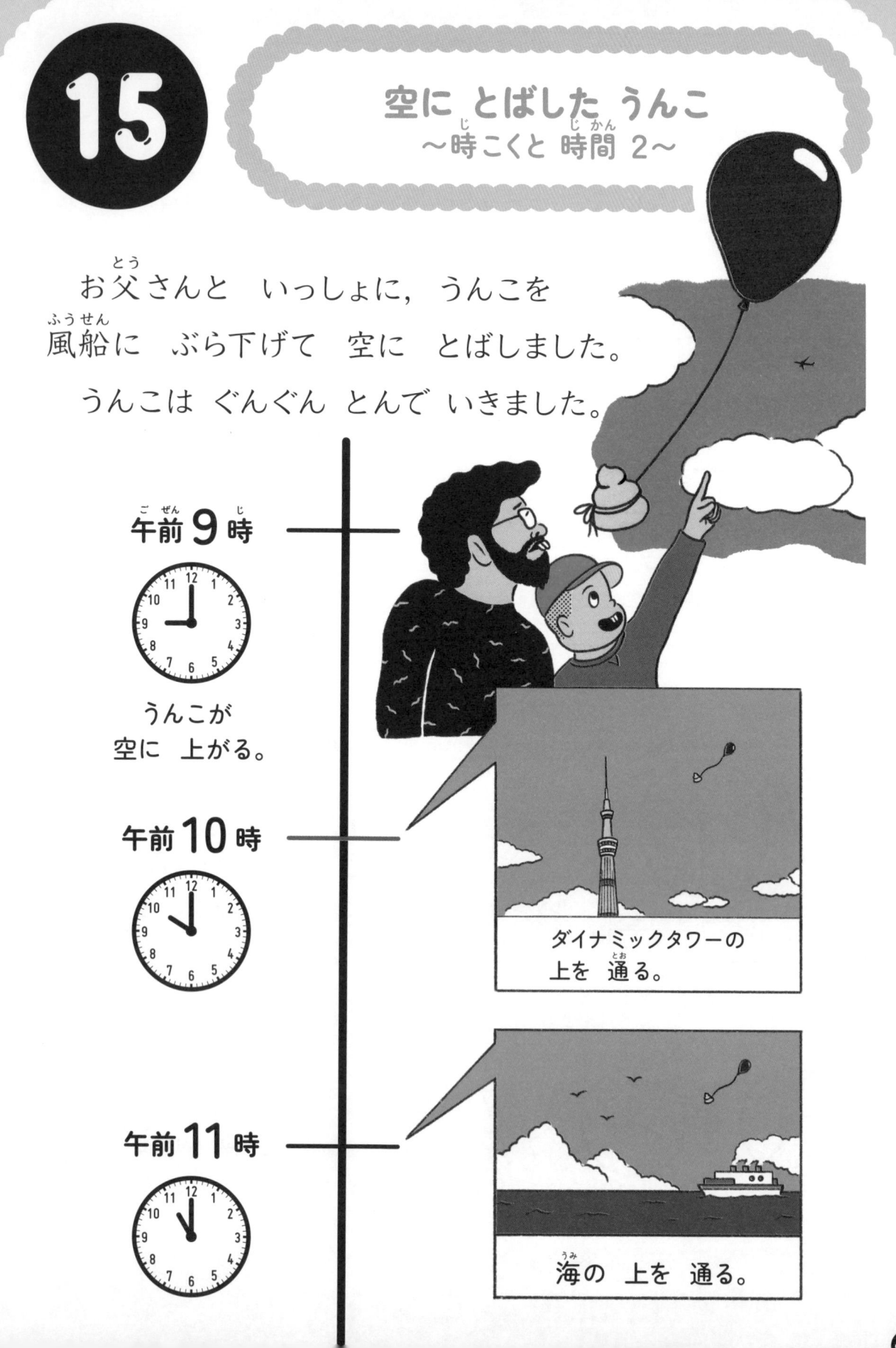

15 空に とばした うんこ
〜時こくと 時間 2〜

お父さんと いっしょに, うんこを
風船に ぶら下げて 空に とばしました。

うんこは ぐんぐん とんで いきました。

午前 9 時

うんこが
空に 上がる。

午前 10 時

ダイナミックタワーの
上を 通る。

午前 11 時

海の 上を 通る。

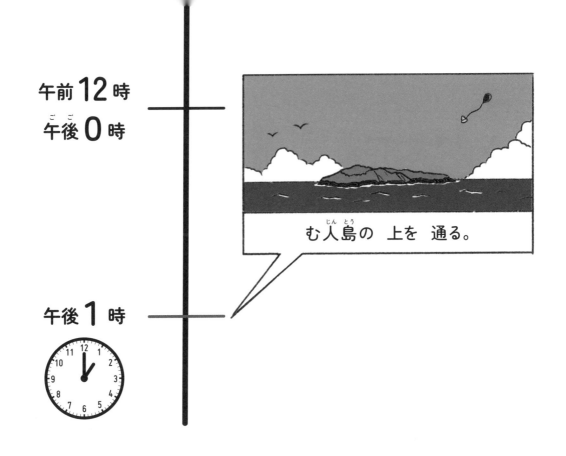

午前 **12** 時
午後 **0** 時

午後 **1** 時

む人島の 上を 通る。

1 うんこが 空に 上がってから ダイナミックタワーの
上を 通るまでに, かかった 時間は 何時間ですか。

⬆ 図を 見て もとめましょう。

答え _____

2 うんこが 空に 上がってから む人島の 上を
通るまでに, かかった 時間は 何時間ですか。

⬆ 図を 見て もとめましょう。

午後0時は
午前12時と 同じなのじゃ。

答え _____

算数
ポイント | 1日は 24時間で, その うち, 午前は 12時間, 午後は 12時間 ある。

15

かくにんもんだい

がんばったね
シールを
はって
もらおう。

1 午前9時に 空に とばした
うんこが, 午後2時に
アメリカ大りくに たどりつきました。
かかった 時間は 何時間ですか。

午前9時 ▶ 午後2時

答え _____

2 午前9時に 空に とばした
うんこが, 午後4時に
北きょくに たどりつきました。
かかった 時間は 何時間ですか。

午前9時 ▶ 午後4時

答え _____

3 午前9時に 空に とばした
うんこが, 午後9時に
うちゅうまで とどきました。
かかった 時間は 何時間ですか。

午前9時 ▶ 午後9時

答え _____

4 午前9時に 空に とばした
うんこが, 午後11時に UFOに
すいこまれました。うんこが 空を
とんでから すいこまれるまでの
時間は 何時間ですか。

午前9時 ▶ 午後11時

答え _____

れんしゅうもんだい

がんばったね
シールを
はって
もらおう。

1 公園で　午前9時から
午前11時まで　うんこを　さがして
いました。うんこを　さがして　いた
時間は　何時間ですか。

午前9時　午前11時

答え _____

2 きのうは　1日中　うんこを　して
いました。とちゅう，午後3時から
午後4時まで　休けいしました。
休けいした　時間は　何時間ですか。

午後3時　午後4時

答え _____

3 人さしゆびの　上に　うんこを
のせて，午後7時から
午後10時まで　おとさずに
バランスを　とりました。ゆびの
上に　うんこを　のせて　いた
時間は　何時間ですか。

午後7時　午後10時

答え _____

4 めずらしい　うんこを　見に
行きます。出ぱつは　午前11時で，
とうちゃくは　午後8時だそうです。
かかる　時間は　何時間ですか。

午前11時　午後8時

答え _____

うんこサンドイッチ走
〜かけ算 1〜

「うんこサンドイッチ走」と　いう　めずらしい
スポーツの　せん手が，学校に　来て　くれました。

「うんこサンドイッチ走」は，せん手が　2人1組に　なり，
2人の　間に　うんこを　はさんで　ゴールに　はこぶ
スポーツです。
　今，うんどう場に　うんこサンドイッチ走の　組が　4組
います。

1 うんどう場で　うんこサンドイッチ走を　して
いる　人は，ぜんぶで　何人ですか。

⬇ ▢に　数を　書いて　答えを　もとめましょう。

しき

$$\left\{ \begin{array}{c} \\ \end{array} \right\} \times \left\{ \begin{array}{c} \\ \end{array} \right\} = \left\{ \begin{array}{c} \\ \end{array} \right\}$$

1組分の　人数　　　　　何組分　　　　ぜんぶの　人数

答え＿＿＿＿＿人

うんこサンドイッチ走は，**2人で1組**に　なるんじゃな。
かけ算の　しきに　あらわして　みるのじゃ。

2 クラスぜんいんで　やったら，うんこサンドイッチ走の
組が　**9組**　できました。クラスの　人数は　何人ですか。

⬇ しきを　書いて　答えを　もとめましょう。

しき

答え＿＿＿＿＿人

スーパーうんこもんだい

つぎの　絵は，うんこサンドイッチ走の　わざの　1つ
だよ。この　わざの　名前は　どれだと　思うかな？

ヒント▶　「大きい」を，えい語では　「ビッグ」と　いうよ！

あ クロール

い ロングシュート

う ビッグうんこバーガー

算数ポイント｜2のだんの　九九では，答えは　2ずつ　ふえる。

67

16

かくにんもんだい

1 「うんこ玉ころがし」は、2人1組に なって 大きな うんこ玉を ころがす きょうぎです。今,「うんこ玉ころがし」の 組が 3組 たたかって います。 「うんこ玉ころがし」を して いるのは, ぜんぶで 何人ですか。

しき

答え _____

2 「うんこテニス」は、2人で たいせんする スポーツです。今, 5組が 「うんこテニス」を して います。「うんこテニス」を して いるのは, ぜんぶで 何人ですか。

しき

答え _____

3 「うんこオセロ」は、2人で たいせんする ゲームです。今, 教室の 中で 6組が 「うんこオセロ」を して います。 「うんこオセロ」を して いるのは, ぜんぶで 何人ですか。

しき

答え _____

4 「ダブルうんこスケート」は、せん手が 2人1組と なって 行う スポーツです。今,「ダブルうんこスケート」の 組が 8組 います。せん手は ぜんぶで 何人ですか。

しき

答え _____

れんしゅうもんだい

1 うんこを 2こずつ もった 2人の 大男が, ものすごい
スピードで 走って きました。大男たちが もって いる
うんこは, ぜんぶで 何こですか。

しき

答え _____

2 おばあちゃんの 家には, チューリップを
2本ずつ さして ある うんこが 4こ
あります。チューリップは ぜんぶで
何本 ありますか。

しき

答え _____

3 うんこの しゃしんを 1人に 2まいずつ, 7人に
くばります。うんこの しゃしんは 何まい あれば
よいですか。

しき

答え _____

4 岩のような うんこが 道に ころがって
います。1この うんこを うごかすのに,
トラックが 2台ずつ ひつようです。
この うんこを 9こ うごかすには,
トラックは 何台 ひつようですか。

しき

答え _____

69

エルザと 大きく なる うんこ
～かけ算 2～

　ドイツの 天才学者 エルザが さん歩を して いると,
高さが 3mも ある 大きな うんこを 見つけました。

エルザ

　つぎの 日, その うんこは 高さが 5倍に なって
いました。

　エルザは おどろきました。

　この うんこは, どんどん 大きく なって
いるのだわ。

1 エルザが 見つけた うんこに
ついて 答えましょう。

ある 数の
5倍とは,
**ある 数が 5つ分
ある**と いう
ことじゃな。

（1）「3mの 5倍の 高さ」を あらわして
いる ほうを ○で かこみましょう。

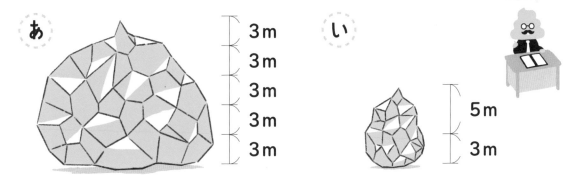

あ　3m 3m 3m 3m 3m

い　5m 3m

（2）この うんこの 高さは 何mですか。

⬇ しきを 書いて 答えを もとめましょう。

しき

答え ＿＿＿＿＿ m

2 エルザが 手で さわって いる 間は
うんこが 大きく ならないようです。
エルザは 1日に 4時間ずつ うんこに
さわる ことに しました。1週間（7日間）では
何時間 うんこに さわる ことに なりますか。

⬇ しきを 書いて 答えを もとめましょう。

しき

答え ＿＿＿＿＿ 時間

この うんこと エルザの お話は,
「かん字」ドリルシリーズにも のって いるのじゃ！

算数
ポイント｜ 3のだんの 九九では 3ずつ, 4のだんの 九九では
4ずつ 答えが ふえる。

17

かくにんもんだい

1 エルザが 高さ 3mの うんこを 見つけた とき,
その よこに, うんこの 6倍の 高さの 木が 生えて
いました。木の 高さは 何mですか。

しき

答え _____

2 エルザが 友だち 3人に 「大きい うんこを 見つけたから
見に おいでよ」と れんらくした ところ, その 7倍の
人数が 見に 来て しまったそうです。うんこを 見に
来た 人は 何人ですか。

しき

答え _____

3 エルザは, うんこの かんさつ日記を 1日に 4ページずつ
書きます。3日間だと 何ページに なりますか。

しき

答え _____

4 エルザは, ある 日, うんこに 4本の
花を さしてから 帰りました。つぎの
日に その うんこを 見に 行くと,
ささって いる 花の 数が 9倍に
ふえて いました。うんこに ささって
いる 花の 数は 何本に なりましたか。

しき

答え _____

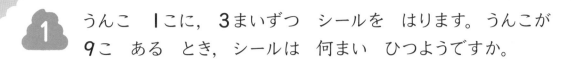

れんしゅうもんだい

1 うんこ 1こに, 3まいずつ シールを はります。うんこが 9こ ある とき, シールは 何まい ひつようですか。

しき

答え _____

2 弟が「世界一 うんこに くわしく なりたい」と 言って, 1日に 4ページずつ うんこの 本を 読もうと して います。8日間では, 何ページ 読む ことが できますか。

しき

答え _____

3 おじいちゃんは, トイレに 行く たびに うんこを 3こずつ 出すそうです。今日は 8回 トイレに 行きました。 おじいちゃんが 今日 出した うんこは, ぜんぶで 何こですか。

しき

答え _____

4 お父さんが, 長さ 4mの うんこを 5こ 買って きました。 ぜんぶ つなげると, 長さが 何mの うんこに なりますか。

しき

答え _____

うんこを 海外に はこぶ しごと
～かけ算 3～

　ぼくの　お父さんは，うんこを　海外に　はこぶ　しごとを
して　います。お父さんの　スーツケース　1には，うんこが
6こ　入ります。今日は，うんこを　いっぱいまで　入れた
スーツケースを
4こ　もって
いきます。

1　お父さんが　うんこを　スーツケースに　つめて　います。
　スーツケースの　中に　うんこシールを　はりましょう。

シール

スーツケースの　中

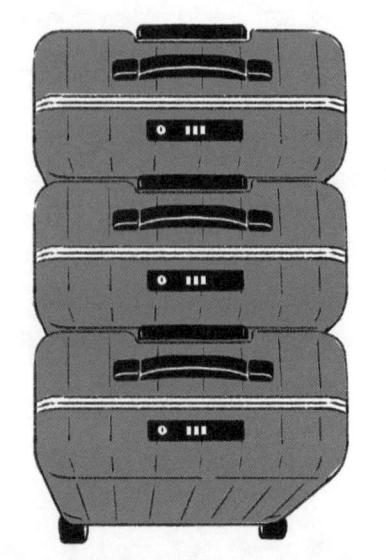

スーツケースには，
うんこを　何こ
入れたら
いいかのう？

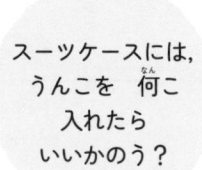

74

2 お父さんは，今日，
何この　うんこを
海外に　はこびますか。

お父さんは，スーツケースを
4つ　もって　いくんじゃな。

⬇ しきを　書いて　答えを　もとめましょう。

しき

答え ＿＿＿＿＿＿ こ

3 お父さんは　うんこを　スーツケースに
入れた　後，1この　うんこを　5回ずつ
ゆびで　つつきます。うんこ　6こでは，
何回　つつく　ことに　なりますか。

⬇ しきを　書いて　答えを　もとめましょう。

しき

答え ＿＿＿＿＿＿ 回

スーパーうんこもんだい

スーツケースを　もった　お父さんは，いつも
こそこそして　家を　出るそうだよ。
どうしてかな？

ヒント お母さんは，はずかしいみたいだよ。

あ 高級な　うんこなので，見つかると
ぬすまれて　しまうから。

い うんこを　ねらう　悪の　ぐんだんと
たたかって　いるから。

う お母さんに　「うんこを　スーツケースで　はこぶ
しごとは　やめて　ほしい」と　言われて　いるから。

🖊 **算数ポイント** 5のだんの　九九では　5ずつ，6のだんの　九九では　6ずつ　答えが　ふえる。

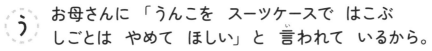

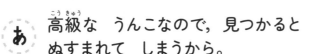

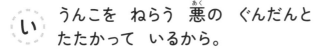

18

かくにんもんだい

1 1この リュックサックで うんこを 6こずつ はこびます。
リュックサック 5こでは, 何この うんこを はこべますか。

しき

答え＿＿＿＿＿＿＿

2 1まいの おぼんに うんこを 6こずつ
のせて はこびます。おぼん 7まいでは,
何この うんこを はこべますか。

しき

答え＿＿＿＿＿＿＿

3 うんこ 1こを, 5回ずつ チョップします。
うんこ 3こでは, 何回 チョップする
ことに なりますか。

しき

答え＿＿＿＿＿＿＿

4 うんこ 1こを, ゆっくり 5回ずつ
もみます。うんこ 9こでは, 何回
もむ ことに なりますか。

しき

答え＿＿＿＿＿＿＿

1 公園に いた おじさんが，1この うんこを 5こに ちぎって，ミニうんこを 作って くれました。うんこ 4こからは，何この ミニうんこが 作れますか。

しき

答え _____

2 「うんこ」とだけ 書かれた ポスターが 1つの えきに 6まいずつ はられて います。2つの えきでは，何まい はられて いますか。

しき

答え _____

3 お父さんは，うんこを 1回する たびに 5Lの あせを かきます。7回 うんこを すると，何Lの あせを かきますか。

しき

答え _____

4 けんすけくんは，友だちに 6こずつ うんこを くばります。くばりたい 友だちは 8人です。くばる うんこは 何こ ひつようですか。

しき

答え _____

19 うん こうたろう先生の 新作
〜かけ算 4〜

　作家の　うん　こうたろう先生の　ところに，出ぱん社の
社長が　来ました。

※出ぱん社…本を　作って　いる　会社の　こと。

出ぱん社の
社長

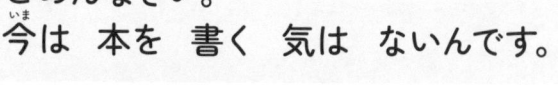
わが　社の　ために　本を　書いて
ください。

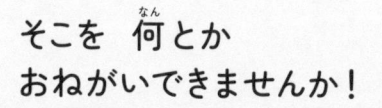
ごめんなさい。
今は　本を　書く　気は　ないんです。

うん
こうたろう先生

そこを　何とか
おねがいできませんか！

そう　言われても……。こまったなぁ。

先生の　本を　まって　いる
子どもたちが　たくさん　いるんです！
どうか，どうか，おねがいします！

わかりました。
そこまで　言うのなら　書きましょう。

　こうして，うん　こうたろう先生は，
「うんこ人間　でんぐりがえして　ジャングル大ぼうけん」と
いう　新作を　書く　ことに　しました。

1 うん こうたろう先生は， 1日に 7ページずつ
書きます。 6日間では， 何ページ 書けますか。

⬇ しきを 書いて 答えを もとめましょう。

しき

答え ＿＿＿＿＿＿ ページ

2 うん こうたろう先生は， 1ページ 書きおえるまでに
8回ずつ うんこに 行くそうです。
7ページ 書くと 何回 うんこに 行きますか。

⬇ しきを 書いて 答えを もとめましょう。

しき

答え ＿＿＿＿＿＿ 回

7のだんや 8のだんの 九九を
しっかり おぼえたかのう？

スーパーうんこもんだい

うん こうたろう先生が 8000ページまで 書いた
ところで，「うんこ人間 でんぐりがえしで ジャングル
大ぼうけん」は はつ売が 中止に なったんだ。
その ときの 先生の 顔だと 思う ものは どれかな？

ヒント この 後，あごが 外れたらしいよ！

あ

い

う

算数ポイント | 7のだんの 九九では 7ずつ，8のだんの 九九では 8ずつ 答えが ふえる。

79

19

かくにんもんだい

1 うん こうたろう先生は, 1日に 7時間
うんこの ことを 考えて います。
3日間では, うんこの ことを 考えて
いる 時間は 何時間に なりますか。

しき

答え＿＿＿＿＿＿＿

2 うん こうたろう先生は, おちて いる うんこを 見つけると,
かならず 7回ずつ おじぎを するそうです。今日は
うんこを 5こ 見つけました。今日, うんこに 何回
おじぎを しましたか。

しき

答え＿＿＿＿＿＿＿

3 うん こうたろう先生は, 本を 1ページ 書きおえるたびに
8回ずつ 「うんこサイコー!」と さけびます。4ページ
書きおえると, 何回 「うんこサイコー!」と さけびますか。

しき

答え＿＿＿＿＿＿＿

4 うん こうたろう先生は, 家に まごが あそびに 来る ことに
なったので, うんこを 8こずつ あげる ことに しました。
まごは 2人です。うんこは 何こ 用意すれば よいですか。

しき

答え＿＿＿＿＿＿＿

れんしゅうもんだい

1 うんこが 8こずつ 入った 水そうが 3つ あります。
うんこは ぜんぶで 何こ ありますか。

しき

答え _____

2 権田原先生が, 高さ 7cmの はこを 8こ つみ上げて,
その 上で うんこを して いました。つみ上げた はこの
高さは 何cmですか。

しき

答え _____

3 ぼくの うんこの ファンが 1日に 7人ずつ ふえて
います。9日間では 何人 ふえますか。

しき

答え _____

4 カンガルーが うんこを まきちらしながら ジャンプを
して います。1回の ジャンプで とんだ 長さを はかると
8mでした。6回 つづけて ジャンプすると, とんだ 長さは
何mに なりますか。

しき

答え _____

20 うんこ歌手の コンサート
〜かけ算 5〜

　お父さん（Buri-ya）が 作った 歌 「世界中の
だれよりも うんこが したい」が ヒットしたので，
お父さんは この 歌の ロングバージョンを 作りました。
ロングバージョンの 長さは 9分です。
　今日の コンサートで，お父さんは，この 歌を
休みなしに 何回も 歌いつづけました。

1 お父さんが，長さ 9分の 「世界中の だれよりも うんこが したい」ロングバージョンを コンサートで 5回 歌いつづけた とき，ぜんぶで 何分 歌って いた ことに なりますか。

⬇ しきを 書いて 答えを もとめましょう。

しき

答え_____分

2 今日の おきゃくさんは 6人でした。1人に 1まいずつ 6人 みんなに サインを 書くと，何まい 書く ことに なりますか。

⬇ しきを 書いて 答えを もとめましょう。

しき

1まいずつを 6人に 書くから，しきは……。

答え_____まい

スーパー
うんこ
もんだい

お父さんが 今 作って いる 新曲の 名前は どれだと 思うかな？

ヒント 大人っぽい 名前だよ！

あ きら★きら☆ うんこだモン！

い いっしょに うたお♪ うんこマーチ

う きみのうんこに 抱擁(つつ)まれて

算数ポイント｜9のだんの 九九では 9ずつ，1のだんの 九九では 1ずつ 答えが ふえる。

20

かくにんもんだい

1 権田原先生が, おもい うんこを 引きずって います。
校ていを 1しゅうするのに 9分 かかりました。
3しゅうすると 何分 かかりますか。

しき

答え _____

2 ちらかった うんこを いくつかの 同じ はこに しまって
います。1はこに しまうのに 9分 かかります。
6ぱこに しまうと, 何分 かかりますか。

しき

答え _____

3 たん生日会に 来て くれた 友だちに, 1人 1こずつ
うんこを わたします。友だちが 8人 来ると, うんこは
何こ ひつようですか。

しき

答え _____

4 ゴリラが うんこを なげたがって いるので, 1ぴきに
1こずつ うんこを わたします。ゴリラは 5ひき います。
うんこは 何こ ひつようですか。

しき

答え _____

れんしゅうもんだい

1 うんこを 9こずつ まとめて ビッグうんこを 作り,
まどぎわに かざって おくと, ねがいが かなうそうです。
ビッグうんこを 2こ 作る とき, うんこは 何こ
ひつようですか。

しき

答え _____

2 うんこが 1こずつ 入った ランドセルが 7こ あります。
うんこは ぜんぶで 何こ ありますか。

しき

答え _____

3 遠くに おかれた うんこに むかって,
9本ずつ 7人が 矢を とばしました。
矢は ぜんぶで 何本 とびましたか。

しき

答え _____

4 うんこを もらしそうな 人を 1人ずつ のせた タクシーが
3台 走って います。うんこを もらしそうな 人は
ぜんぶで 何人 のって いますか。

しき

答え _____

スタントマン・爆林豪吾郎
～かけ算と たし算～

広場に, うんこを 3こずつ のせた 車が 4台と, 車に のせて いない 23この うんこが あります。

※スタントマンたちが, 車を うんてんして, もえさかる ほのおの 中を 走りぬけました。

※スタントマン…えい画などで, あぶない 場面を かわりに えんじる しごとを する 人の こと。

86

1 お話に あうように 86ページの 絵に
うんこを かきたしましょう。

うんこは, 車 1台に 何こずつ
のって いるんじゃったかな?

まず, 車に のせた
ぜんぶの うんこの
数を もとめるのじゃ。
**のせて いない
うんこも わすれずに
たすのじゃぞ!**

2 広場に うんこは
ぜんぶで 何こ ありますか。

⬇ しきを 書いて 答えを
もとめましょう。

しき

答え ＿＿＿＿＿＿ こ

▲▲▲▲▲▲▲▲▲▲▲▲▲▲▲▲▲▲▲▲▲▲▲▲▲

スーパー
うんこ
もんだい

この 後, 23この うんこを 車に のせて,
スタントマンの 爆林豪吾郎さん (40才) が
ほのおの 中を 走りぬけたよ。
爆林さんの 顔は どれかな?

シール

ヒント 顔の 形を よく 見よう!

▼▼▼▼▼▼▼▼▼▼▼▼▼▼▼▼▼▼▼▼▼▼▼▼▼

算数
ポイント | かけ算と たし算を 組み合わせると, いろいろな もんだいが とける。

21

こんなに すごい 爆林豪吾郎さん!!

爆林さんは 日本一の うんこスタントマン。たくさんの むずかしい うんこスタントを せいこうさせたんだ!

1 うんこスカイダイビング!!

ひこうきから パラシュートで ジャンプ!
空中に ちらばった 30この うんこを
ぜんぶ あつめて
見ごと 地面に ちゃく地したんだ!!

2 うんこの たきを およいで のぼれ!!

しょうぼう車の ホースから
ふき出す うんこ!!
爆林さんは 魚の きぐるみを
きた まま うんこの たきを
およいで のぼったんだ!!

3 ローリングうんこでんせつ!!

ごろごろ ころがる きょ大うんこ玉と,
おいかける パトカー!!
爆林さんは,うんこ玉に
しがみついた まま 2時間も
高速道路を ころがりつづけたんだ!!

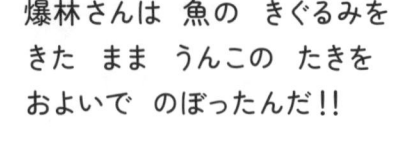

れんしゅうもんだい

1 1まい 8円の おり紙を 4まいと，
55円の うんこを 1こ 買います。
だい金は，ぜんぶで 何円ですか。

しき

答え＿＿＿＿＿＿

2 おどうぐばこに うんこを しまいます。1はこに うんこを
7こずつ 入れて，6ぱこ しまいました。けれども，うんこは
まだ 18こ のこって います。うんこは ぜんぶで 何こ
ありますか。

しき

答え＿＿＿＿＿＿

3 スケッチブックに，1日 5ページずつ
うんこの 絵を かきます。9日間
つづけると，のこりが あと 8ページに
なりました。スケッチブックは ぜんぶで
何ページ ありましたか。

しき

答え＿＿＿＿＿＿

4 うんこを 1こ こんがり やくのに 3分 かかります。
うんこを 8こ やいて，さい後に 4分 かけて きれいに
ならべました。かかった 時間は，ぜんぶで 何分ですか。

しき

答え＿＿＿＿＿＿

22

うんこを くばる 市長
～かけ算と ひき算～

　9人ずつの　野きゅうチームが　8チーム　あつまって子ども野きゅう大会が　ひらかれる　ことに　なりました。
　うんこ市の　市長は, チームの　子ども　みんなに, 自分の　うんこで　作った　ボールを 1こずつ　プレゼントする ことに　しました。
　しかし, どうしても　間に合わず, みんなに　くばるには うんこボールが　3こ 足りませんでした。

市長

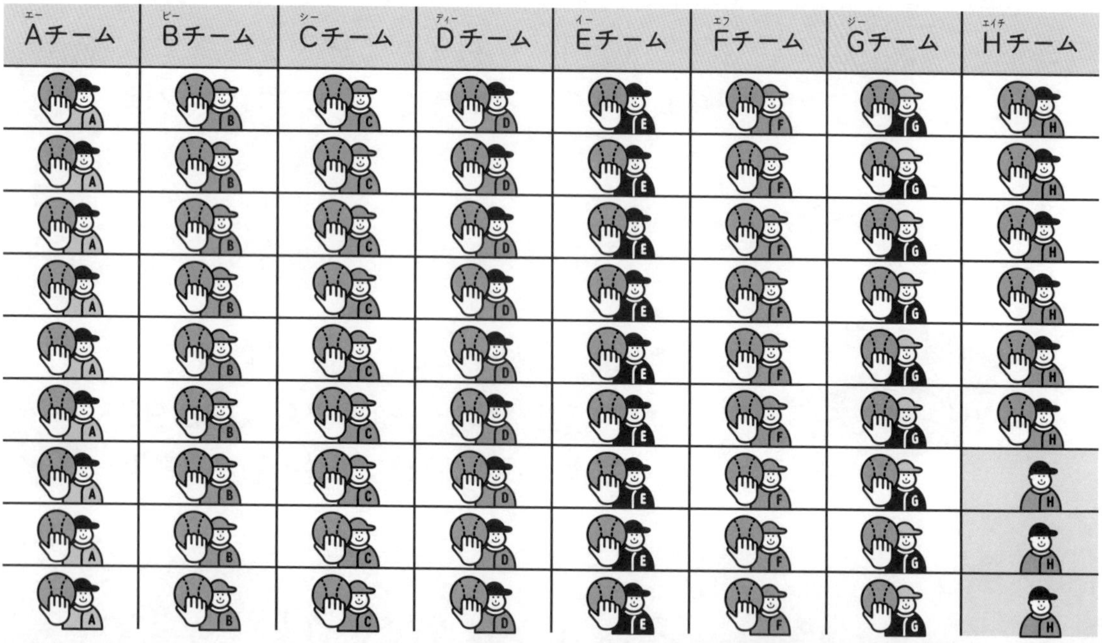

Aチーム	Bチーム	Cチーム	Dチーム	Eチーム	Fチーム	Gチーム	Hチーム

90

1 うんこボールを もらえた
子どもは 何人ですか。

↓ しきを 書いて 答えを もとめましょう。

さいしょに,
**子どもが ぜんいんで
何人 いるのか**を
もとめるのじゃ。

しき

答え _____ 人

2 プレゼントした うんこボールの
うち, **67**こが ごみばこに
すてて ありました。
うんこボールを すてて いない
子どもは 何人ですか。

↓ 1で もとめた 答えを
つかって 考えましょう。

しき

答え _____ 人

スーパー
うんこ
もんだい

▲▲▲▲▲▲▲▲▲▲▲▲▲▲▲▲▲▲▲▲▲▲▲▲

市長の 名前は, どれか わかるかな?

ヒント やって いる ことと, 名前が ぴったり あって いるよ。

あ 青木 徳二
（あおき・とくじ）

い 市川 一憲
（いちかわ・かずのり）

う 雲国針 真来
（うんこくばり・まくる）

算数
ポイント｜ かけ算と ひき算を 組み合わせると, いろいろな もんだいが とける。

91

かくにんもんだい

1 5人ずつの　バスケットボールチームが
7チーム　あります。市長が　ぜんいんに
うんこボールを　1こずつ　くばろうと
しましたが，9こ　足りませんでした。
うんこボールを　もらえるのは　何人ですか。

しき

答え＿＿＿＿＿＿＿＿

2 7人ずつの　ドッジボールチームが
6チーム　あります。市長が　ぜんいんに
うんこボールを　1こずつ　くばろうと
しましたが，17こ　足りませんでした。
うんこボールを　もらえるのは　何人ですか。

しき

答え＿＿＿＿＿＿＿＿

3 8人ずつの　ダンスチームが　9チーム
あります。市長が　ぜんいんに　うんこの
しゃしんを　くばろうと　しましたが，
9まい　足りませんでした。うんこの
しゃしんを　もらえるのは　何人ですか。

しき

答え＿＿＿＿＿＿＿＿

1 つまようじが 9本ずつ, 3この うんこに
ささって いました。 5本 だれかが
つかいました。 のこった つまようじは
何本ですか。

しき

答え _____

2 うんこが 8こずつ かざられた クリスマスツリーが 5本
あります。 その うち, 9こが 下に おちて しまいました。
まだ かざられて いる うんこは 何こですか。

しき

答え _____

3 こういちくんは 90円 もって います。 1こ 7円の
うんこを 8こ 買いました。 のこった お金は 何円ですか。

しき

答え _____

4 うんこが 85こ あります。 1まいの さらに うんこを
5こずつ, 9まいの さらに のせました。 のこった うんこは
何こですか。

しき

答え _____

23 たたかえ！ うんこボーイ
〜図を つかって 1〜

「たたかえ！ うんこボーイ」は，おそって くる
モンスターを うんこを つかって たおす，大人気の
テレビゲームです。

うんこボーイ

主人公の うんこボーイが はじめに もって いる
うんこの 数は，150こです。

モンスターの しゅるい				
名前	ブリブリ コング	ブリブリ シャーク	ブリブリ タイガー	ブリブリ ドラゴン
たおす ために ひつような うんこの 数	70こ	100こ	130こ	250こ

1 ブリブリコングが おそって きたので, うんこボーイは, もって いる うんこ 70こで たおしました。うんこ ボーイの のこりの うんこの 数は 何こですか。

⬇ しきを 書いて 答えを もとめましょう。

しき

答え _____ こ

2 つぎに, ブリブリタイガーが おそって きました。 うんこボーイは, いそいで うんこを して うんこの 数を ふやさなければ, たおせません。

（1） 図の ⟨ ⟩ に 入る 数を 書きましょう。

「のこりの うんこの 数」には, **1** の 答えが 入るぞい。

のこりの うんこの 数 ⟨ ⟩ こ

ふやす うんこの 数 ?こ

ブリブリタイガーを たおす ために ひつような うんこの 数 ⟨ ⟩ こ

（2） ブリブリタイガーを たおす ために, うんこボーイは あと 何こ うんこを ふやせば よいですか。

⬇ しきを 書いて 答えを もとめましょう。

しき

答え _____ こ

算数ポイント｜図に あらわすと, ふえた 数が わかりやすい。

23

かくにんもんだい

94ページの ひょうを 見ながら 考えましょう。

1 うんこボーイが うんこを 30こ もって います。
ブリブリコングが おそって きました。たおす ためには,
うんこを 何こ ふやせば よいですか。

もって いる
うんこの 数　　　　　　　　　　ふやす うんこの 数 **?** こ

たおす ために ひつような うんこの 数

しき

答え _____

2 うんこボーイが うんこを 15こ もって います。
ブリブリシャークが おそって きました。たおす ためには,
うんこを 何こ ふやせば よいですか。

もって いる
うんこの 数　　　　　　　ふやす うんこの 数 **?** こ

たおす ために ひつような うんこの 数

しき

答え _____

3 うんこボーイが うんこを 45こ もって います。
ブリブリドラゴンが おそって きました。たおす ためには,
うんこを 何こ ふやせば よいですか。

もって いる
うんこの 数　　　　　　ふやす うんこの 数 **?** こ

たおす ために ひつような うんこの 数

しき

答え _____

れんしゅうもんだい

がんばったね
シールを
はって
もらおう。

1 うんこショップの 前に 20人が ならんで います。
後から 何人か 来たので, 33人に なりました。後から
来た 人は 何人ですか。

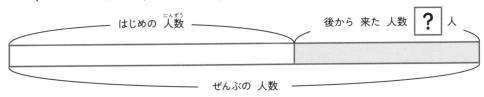

はじめの 人数　　　　　　　　　後から 来た 人数　**?** 人

ぜんぶの 人数

しき

答え ＿＿＿＿＿＿＿＿

2 カーテンを あけると, まどの 外に
うんこが 71こ ういて いました。
カーテンを しめて, もう 一度 あけると,
うんこは ぜんぶで 176こに なって
いました。ふえた うんこは 何こですか。

はじめの 数　　　　　　ふえた 数　**?** こ

ぜんぶの 数

しき

答え ＿＿＿＿＿＿＿＿

3 うんこを もって およいで いたら, イルカが 32頭 ついて
きました。さらに 何頭か ふえて, 55頭に なりました。
あとから ふえた イルカは 何頭ですか。

はじめの 数　　　　　　　　　ふえた 数　**?** 頭

ぜんぶの 数

しき

答え ＿＿＿＿＿＿＿＿

24 うんこの 細長さ くらべ
～図を つかって 2～

「うんこの 細長さだけは だれにも まけない」と
いう 人が 川原に **35**人 あつまり, うんこの
細長さくらべを しました。

その けっか, とくに 細長い うんこを した **5**人だけが
のこり, あとは 帰りました。

1 図の 〔　〕に 入る 数を 書きましょう。

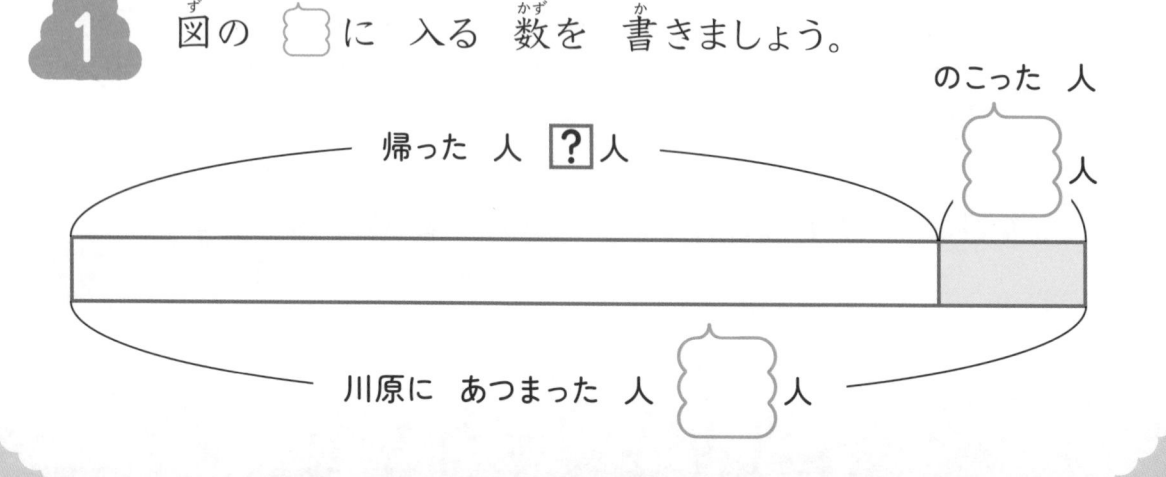

のこった 人
〔　〕人

帰った 人 ?人

川原に あつまった 人 〔　〕人

2 帰った 人は 何人ですか。

⬇ 1 の 図を もとに して、
しきと 答えを 書きましょう。

図を 見て、
たし算か ひき算かを
考えるのじゃ。

しき

答え ＿＿＿＿＿＿ 人

3 いちばん 細長い うんこは 14m60cm ありました。
下の 数の線で、14m60cmを あらわす めもりは
どれですか。

⬇ 1つ えらんで ○で かこみましょう。

14m   あ ↓   い ↓   う ↓   15m

スーパー
うんこ
もんだい

14m60cmに いちばん 近い 生きものは
どれかな？ 1つ えらんで ○を つけよう！

ヒント 101ページで 長さを くらべて いるよ！

あ ティラノサウルス   い シャチ   う ベンガルトラ

算数
ポイント 図を つかうと、へった 数を しきに あらわしやすい。

中がたバス

オオアナコンダ

ベンガルトラ

ダイオウイカ

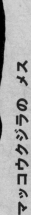
マッコウクジラのメス

14m60cmって どれくらい？

14m60cm

細長いうんこ

ティラノサウルス

イリエワニ

走りはばとびの
世界記ろく

ショウカコウマンモス

シャチ

小学生

身長いうんこ
くらべて
みよう！

かくにんもんだい

1 うんこの 太さくらべを する ために, 42人が
あつまりました。とくに 太い うんこを した 6人だけが
のこり, あとは 帰りました。帰ったのは 何人ですか。

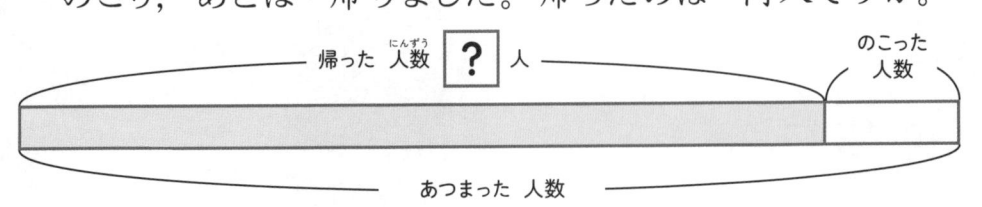

しき

答え _____

2 うんこの かたさくらべを する ために, 83人が
あつまりました。とくに かたい うんこを した 9人だけが
のこり, あとは 帰りました。帰ったのは 何人ですか。

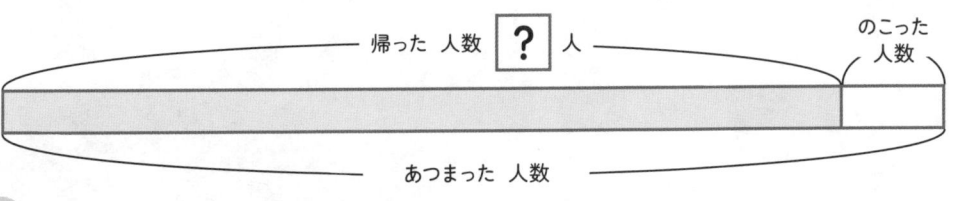

しき

答え _____

3 うんこの おもさくらべを する ために, 61人が
あつまりました。とくに おもい うんこを した 17人だけが
のこり, あとは 帰りました。帰ったのは 何人ですか。

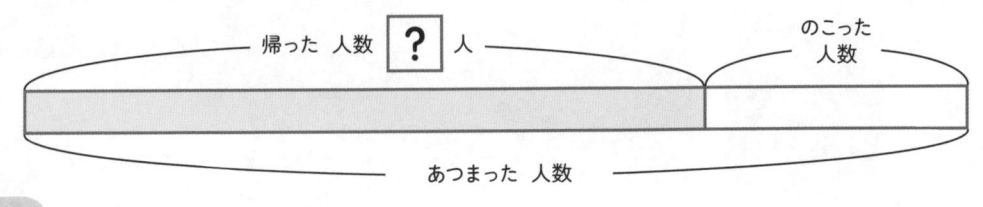

しき

答え _____

れんしゅうもんだい

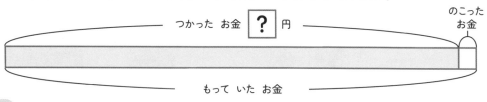

1 かおりさんは 80円 もって いました。店で
「ラッキーうんこ」を 買ったので のこった お金が 3円に
なりました。つかった お金は 何円でしたか。

つかった お金 **?** 円 ── のこった お金

もって いた お金

しき

答え _____

2 川の 水で うんこを 62こ ひやして おきました。何こか
ながされて しまったので，のこりは 19こに なりました。
ながされた うんこは 何こですか。

ながされた うんこの 数 **?** こ ── のこった うんこの 数

ひやした うんこの 数

しき

答え _____

3 けいさつかんが 58人 ならんで います。何人か うんこを
しに 行ったので，のこりは 45人に なりました。うんこを
しに 行った けいさつかんは 何人ですか。

うんこを しに 行った
人数 **?** 人 ── のこった 人数

はじめに いた 人数

しき

答え _____

オオカミと お父さん
～図を つかって 3～

　山の　中で　キャンプを　して　いた　たけしくんと
お父さんは, オオカミの　むれに　かこまれて　しまいました。

　　　　　　たけし, 下がって　いなさい。

お父さん

　そう　言うと,　お父さんは　リュックサックの　中から
自分の　うんこを　とり出し, オオカミに　見せました。

　お父さんの　うんこを　見て, 19ひきが　にげて

いきました。　のこりは　8ひきに　なりました。

1 図の ⬡ に 入る 数を 書きましょう。

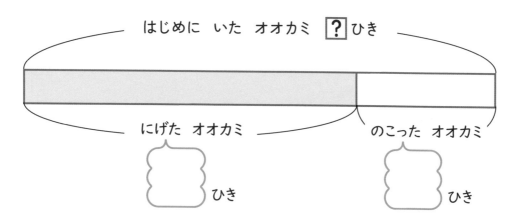

はじめに いた オオカミ ?ひき

にげた オオカミ ⬡ ひき

のこった オオカミ ⬡ ひき

2 オオカミは, はじめに 何びき いましたか。

⬇ **1**の 図を もとに して, しきを 書いて 答えを もとめましょう。

しき

答え ＿＿＿＿＿＿ ひき

3 お父さんが うんこを もう 1こ とり出すと, オオカミは すべて にげて いきました。かわりに ウサギ 24ひき, リス 37ひき, タヌキ 16ぴきが あつまりました。

あつまっている どうぶつは, ぜんぶで 何びきですか。

⬇ 1つの しきに 書いて 答えを もとめましょう。

しき

たす じゅんじょを くふうして 計算すると いいぞい。

答え ＿＿＿＿＿＿ ひき

算数ポイント｜図に あらわすと, はじめの 数を しきに あらわしやすい。

かくにんもんだい

1 チーターの むれに かこまれました。お父さんの うんこを 見せると，17頭が にげて いき，のこりは 6頭に なりました。チーターは，はじめに 何頭 いましたか。

はじめの 数 **?** 頭
にげた 数
のこった 数

しき

答え _____

2 ツキノワグマの むれに かこまれました。お父さんの うんこを 見せると，37頭が にげて いき，のこりは 11頭に なりました。ツキノワグマは，はじめに 何頭 いましたか。

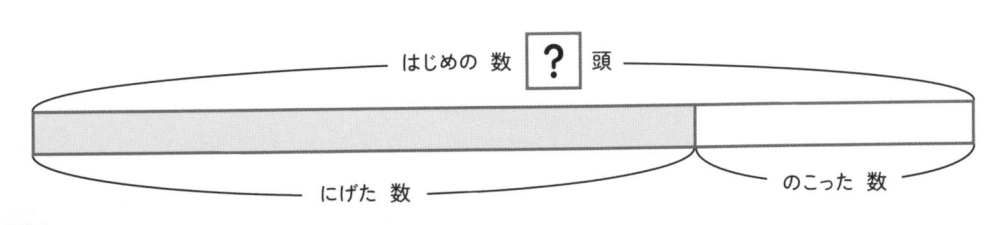

はじめの 数 **?** 頭
にげた 数
のこった 数

しき

答え _____

3 レッサーパンダが 何びきか いました。お父さんの うんこを 見せると，46ぴき ふえて 50ぴきに なりました。レッサーパンダは，はじめに 何びき いましたか。

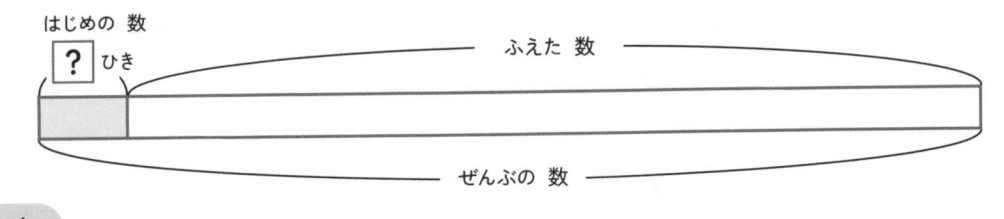

はじめの 数
? ひき
ふえた 数
ぜんぶの 数

しき

答え _____

れんしゅうもんだい

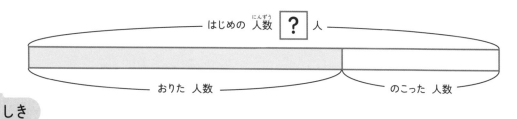

1 バスに 何人か のって います。18人が うんこを もらして バスから おりました。まだ バスに のって いる 人は 9人です。はじめに バスに のって いた 人は 何人ですか。

はじめの 人数(にんずう) **?** 人

おりた 人数 ・ のこった 人数

しき

答え _____

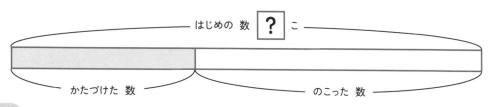

2 教室(きょうしつ)に うんこが ちらばって います。27こ かたづけたので，のこりの うんこは 42こに なりました。はじめに ちらばって いた うんこは 何こですか。

はじめの 数 **?** こ

かたづけた 数 ・ のこった 数

しき

答え _____

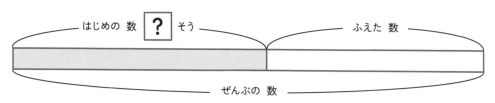

3 うんこを のせた 船(ふね)が 何そうか すすんで います。あとから 12そう ふえたので，ぜんぶで 船は 26そうに なりました。はじめに すすんで いた 船は 何そうですか。

はじめの 数 **?** そう ・ ふえた 数

ぜんぶの 数

しき

答え _____

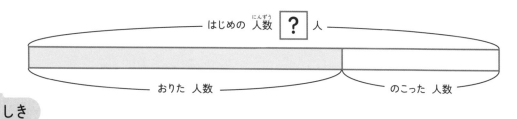

がんばったね
シールを
はって
もらおう。

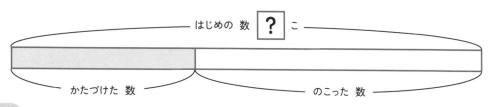

107

まとめテスト

もくひょう じかん **20**ぷん

とくてん〈1もん 10てん〉

／**100**てん

ひっ算

---

1 きのう 校内に うんこの ポスターを **72**まい はって おきましたが, 今日 見ると **15**まいしか のこって いませんでした。 なくなった うんこの ポスターは 何まいですか。

しき

答え _____

2 **77**この うんこが, うんこケースに 入って います。 ほかに **49**この うんこが あります。 うんこは あわせて 何こ ありますか。

しき

答え _____

3 こわれやすい うんこ **154**こを トラックで はこびました。 はこびおわった ときに 見ると, **65**こが こわれて いました。 こわれなかった うんこは 何こですか。

UNKO EXPRESS

しき

答え _____

4 じょうろで うんこに 水を かけて います。たけしくんが 3L5dL，はやとくんが 5L2dL かけました。うんこに かけた 水は あわせて 何L何dLですか。

しき

答え _____

5 毎日 午前7時15分から 午前7時45分までを，うんこの ことを 考える 時間に して います。うんこの ことを 考える 時間は 何分ですか。

午前7時15分　　　午前7時45分

答え _____

6 きょ大な うんこを はこびます。1こを はこぶのに，ヘリコプターが 4き ひつようです。きょ大な うんこを 7こ はこぶには，ヘリコプターが 何き ひつようですか。

パタパタ
パタパタ

しき

答え _____

7 お父さんの うんこを 1こ おいて おくと，ホタルが 6ぴき あつまって きます。お父さんの うんこを 2こ おいて おくと，何びきの ホタルが あつまって きますか。

しき

答え _____

8 きちょうな うんこを はこびます。1こに つき, パトカー 8台で まもります。きちょうな うんこを 3こ はこぶには, パトカーは ぜんぶで 何台 ひつようですか。

しき

答え _____

9 9人ずつで チームを 作って 森に うんこを さがしに 行きます。今回 さんかした チームは 5チームでした。 さんかした 人は ぜんぶで 何人ですか。

しき

答え _____

10 何頭かの ライオンに かこまれました。お父さんの うんこを 見せると, 94頭 ふえて 99頭に なって しまいました。 はじめに ライオンは 何頭 いましたか。

はじめに いた ライオン ?頭

ふえた ライオン

ぜんぶの ライオン

しき

答え _____

答え

1 たし算 1

1 しき 26 + 41 = 67
答え 67回

2 3番

2・3ページ

スーパーうんこもんだい

れんしゅうもんだい

1 しき 16 + 31 = 47
答え 47回

2 しき 63 + 12 = 75
答え 75人

3 しき 32 + 56 = 88
答え 88人

5ページ

2 たし算 2

1 しき 38 + 26 = 64
答え 64歩

2 しき 64 + 16 = 80
答え 80歩

6・7ページ

スーパーうんこもんだい **あ**

かくにんもんだい

1 しき 35 + 47 = 82
答え 82歩

2 しき 52 + 39 = 91
答え 91歩

8ページ

---

3 しき 27 + 28 = 55
答え 55歩

8ページ

れんしゅうもんだい

1 しき 19 + 32 = 51
答え 51ぴき

2 しき 38 + 15 = 53
答え 53まい

3 しき 17 + 25 = 42
答え 42こ

9ページ

3 ひき算 1

1 れい

たつき　　　　お父さん

2 しき 5 − 1 = 4
答え 4こ

3 しき 19 − 18 = 1
答え 1こ

4 たつき

12・13ページ

かくにんもんだい

1 しき 16 − 13 = 3
答え 3こ

14ページ

2 しき 47 − 25 = 22
答え 22 こ

3 しき 76 − 62 = 14
答え 14 こ

14 ページ

れんしゅうもんだい

1 しき 45 − 21 = 24
答え 24 才

2 しき 69 − 25 = 44
答え 44 こ

3 しき 93 − 82 = 11
答え 11 さつ

15 ページ

4 ひき算 2

1 しき 72 − 45 = 27
答え 27 まい

2 しき 95 − 88 = 7
答え 7 まい

16・17 ページ

かくにんもんだい

1 しき 45 − 17 = 28
答え 28 まい

2 しき 64 − 49 = 15
答え 15 こ

3 しき 87 − 78 = 9
答え 9 台

18 ページ

れんしゅうもんだい

1 しき 55 − 29 = 26
答え 26 本

2 しき 44 − 37 = 7
答え 7 まい

3 しき 50 − 33 = 17
答え 17回

19 ページ

5 たし算 3

1 しき 84 + 22 = 106
答え 106人

2 しき 96 + 13 = 109
答え 109回

20・21 ページ

スーパーうんこもんだい

れんしゅうもんだい

1 しき 33 + 75 = 108
答え 108 円

2 しき 63 + 51 = 114
答え 114人

3 しき 86 + 52 = 138
答え 138 ひき（ぴき）

23 ページ

6 たし算 4

1 しき 76 + 58 = 134
答え 134 円

2 しき 95 + 8 = 103
答え 103 円

24・25 ページ

スーパーうんこもんだい　う

かくにんもんだい

1 しき 46 + 75 = 121
答え 121 円

2 しき 65 + 77 = 142
答え 142 円

3 しき 97 + 5 = 102
答え 102 円

26 ページ

113

13 かさの 計算

1

ⓐ

ⓑ

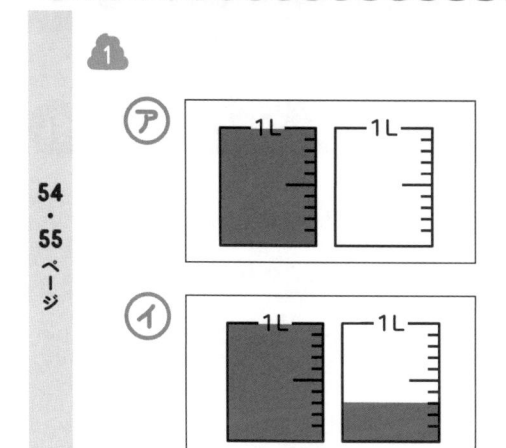

54・55ページ

14 時こくと 時間 1

れんしゅうもんだい

1 しき 3×9＝27
答え 27まい

2 しき 4×8＝32
答え 32ページ

3 しき 3×8＝24
答え 24こ

4 しき 4×5＝20
答え 20m

18 かけ算 3

1 れい

2 しき 6×4＝24
答え 24こ

3 しき 5×6＝30
答え 30回

スーパーうんこもんだい う

かくにんもんだい

1 しき 6×5＝30
答え 30こ

2 しき 6×7＝42
答え 42こ

3 しき 5×3＝15
答え 15回

4 しき 5×9＝45
答え 45回

れんしゅうもんだい

1 しき 5×4＝20
答え 20こ

2 しき 6×2＝12
答え 12まい

3 しき 5×7＝35
答え 35L

4 しき 6×8＝48
答え 48こ

19 かけ算 4

1 しき 7×6＝42
答え 42ページ

2 しき 8×7＝56
答え 56回

スーパーうんこもんだい う

かくにんもんだい

1 しき 7×3＝21
答え 21時間

2 しき 7×5＝35
答え 35回

3 しき 8×4＝32
答え 32回

4 しき 8×2＝16
答え 16こ

れんしゅうもんだい

1 しき 8×3＝24
答え 24こ

2 しき 7×8＝56
答え 56cm

3 しき 7×9＝63
答え 63人

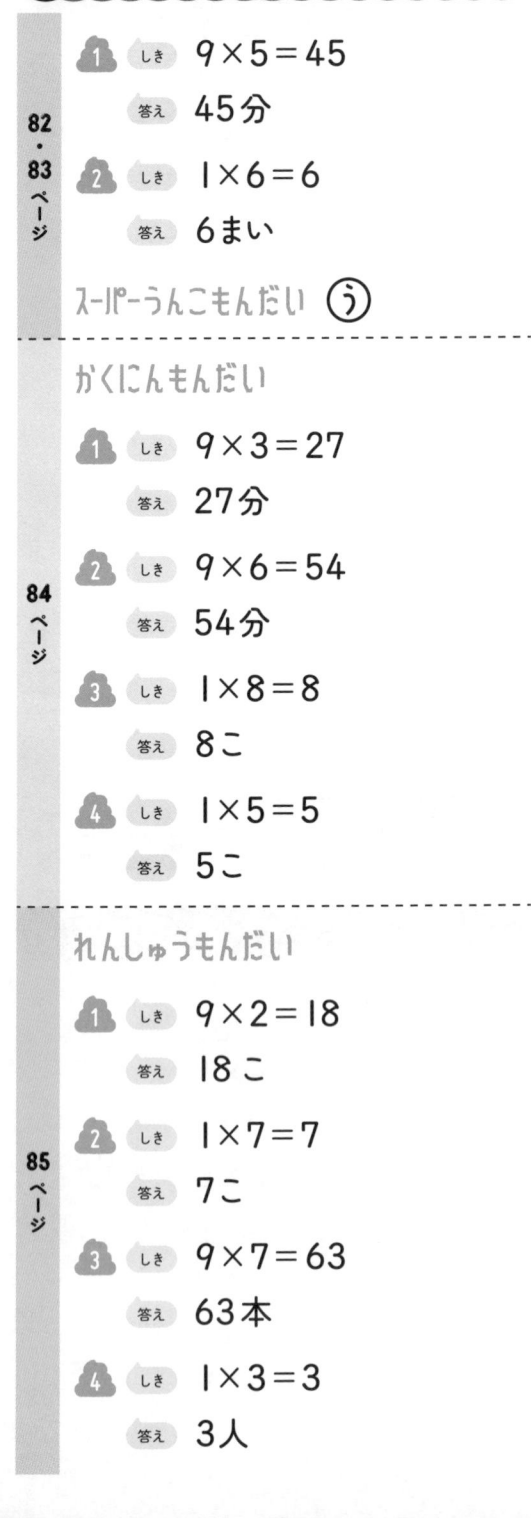

22 かけ算と ひき算

1 しき $9 \times 8 = 72$
$72 - 3 = 69$
答え 69人

2 しき $69 - 67 = 2$
答え 2人

スーパーうんこもんだい ⑤

かくにんもんだい

1 しき $5 \times 7 = 35$
$35 - 9 = 26$
答え 26人

2 しき $7 \times 6 = 42$
$42 - 17 = 25$
答え 25人

3 しき $8 \times 9 = 72$
$72 - 9 = 63$
答え 63人

れんしゅうもんだい

1 しき $9 \times 3 = 27$
$27 - 5 = 22$
答え 22本

2 しき $8 \times 5 = 40$
$40 - 9 = 31$
答え 31こ

3 しき $7 \times 8 = 56$
$90 - 56 = 34$
答え 34円

4 しき $5 \times 9 = 45$
$85 - 45 = 40$
答え 40こ

23 図を つかって 1

1 しき $150 - 70 = 80$
答え 80こ

2 (1)80, 130
(2) しき $130 - 80 = 50$
答え 50こ

かくにんもんだい

1 しき $70 - 30 = 40$
答え 40こ

2 しき $100 - 15 = 85$
答え 85こ

3 しき $250 - 45 = 205$
答え 205こ

れんしゅうもんだい

1 しき $33 - 20 = 13$
答え 13人

2 しき $176 - 71 = 105$
答え 105こ

3 しき $55 - 32 = 23$
答え 23頭

24 図を つかって 2

1 5, 35

2 しき $35 - 5 = 30$
答え 30人

3 ⓘ

スーパーうんこもんだい ⓐ

かくにんもんだい

1 しき $42 - 6 = 36$
答え 36人

102ページ

2 しき 83−9＝74
答え 74人

3 しき 61−17＝44
答え 44人

れんしゅうもんだい

103ページ

1 しき 80−3＝77
答え 77円

2 しき 62−19＝43
答え 43こ

3 しき 58−45＝13
答え 13人

25 図を つかって 3

104・105ページ

1 19, 8

2 しき 19＋8＝27
答え 27ひき

3 しき 24＋37＋16＝77
答え 77ひき

かくにんもんだい

106ページ

1 しき 17＋6＝23
答え 23頭

2 しき 37＋11＝48
答え 48頭

3 しき 50−46＝4
答え 4ひき

れんしゅうもんだい

107ページ

1 しき 18＋9＝27
答え 27人

2 しき 27＋42＝69
答え 69こ

3 しき 26−12＝14
答え 14そう

まとめテスト

108〜110ページ

1 しき 72−15＝57
答え 57まい

2 しき 77＋49＝126
答え 126こ

3 しき 154−65＝89
答え 89こ

4 しき 3L5dL＋5L2dL＝8L7dL
答え 8L7dL

5 30分

6 しき 4×7＝28
答え 28き

7 しき 6×2＝12
答え 12ひき

8 しき 8×3＝24
答え 24台

9 しき 9×5＝45
答え 45人

10 しき 99−94＝5
答え 5頭

110